我不乖，所以活得更精彩

Everybody loves bad girl

[韩]李泰炅/著 李美子/译

广西科学技术出版社

著作权合同登记号：桂图登字：20-2009-218
Bad Girl By 李泰炅 Lee Tae Kyung
Copyright © 2009 by 李泰炅 Lee Tae Kyung
ALL rights reserved
Simplified Chinese copyright © 2013 by Guangxi Science & Technology
Publishing House
Simplified Chinese language edition arranged with FORBOOK
PUBLISHING CO.,
through Eric Yang Agency Inc.

图书在版编目（CIP）数据

我不乖，所以活得更精彩/（韩）李泰炅著；李美子译．—南宁：广西科学技术出版社，2013.6

ISBN 978-7-80763-789-9

Ⅰ．①我… Ⅱ．①李…②李… Ⅲ．①女性—服饰美学—通俗读物 Ⅳ．TS976.4-49

中国版本图书馆CIP数据核字（2013）第081566号

WO BU GUAI, SUOYI HUO DE GENG JINGCAI
我不乖，所以活得更精彩

作　　者：[韩]李泰炅	译　　者：李美子
责任编辑：李　竹　张丽媛	装帧设计：古涧工作室
责任校对：曾高兴　田　芳	版权编辑：李琼兰
责任印制：陆　弟	

出　版　人：韦鸿学　　　　　　　　　　出版发行：广西科学技术出版社
社　　　址：广西南宁市东葛路66号　　　邮政编码：530022
电　　　话：010-53202557（北京）　　　0771-5845660（南宁）
传　　　真：010-53202554（北京）　　　0771-5878485（南宁）
网　　　址：http://www.ygxm.cn　　　　在线阅读：http://www.ygxm.cn

经　　　销：全国各地新华书店
印　　　刷：北京华联印刷有限公司
地　　　址：北京经济技术开发区东环北路3号　邮政编码：100176
开　　　本：880 mm×1040 mm　1/32
字　　　数：260千字　　　　　　　　　　印　　张：6.75
版　　　次：2013年6月第1版　　　　　　印　　次：2013年6月第1次印刷
书　　　号：ISBN 978-7-80763-789-9
定　　　价：36.00元

PROLOGUE

当你乖乖地松懈所有的神经细胞的时候，

机灵的坏女孩却丝毫未放松

　　我的车里没有GPS定位仪，我也不喜欢有导游的背囊旅行。这是因为先天个性独特的我不喜欢被人摆布，性格比较独立。正因如此，虽然我喜欢读书，但从来不看所谓的处世书。而我现在竟然在写涉足他人人生的书，这完全是对我的性格和我的过去的一种背叛！但是，每天晚上下班后，揉着眼皮直打架的眼睛，敲打着键盘的理由只有一个：在经历了各种波澜壮阔以及长时间的努力后，我只想把我所获得的时装人的经验传授给那些高中刚毕业和刚刚涉足社会大舞台的后辈。

　　回想起我刚上大学的时期，如同村姑第一次进城，简直土得不能再土了，比那些艺人的整容前与整容后的对比照片还惨烈。现在想想，大学时光应有的灿烂，全被那灰头土脸的模样给蹉跎了。真是可惜，为什么当初就没有多根时髦的神经呢！我只希望至少读过这本书的后辈，在大学伊始就能具备有魅力又精明、勇敢面对世界的时尚头脑，真正地享受年轻的超级黄金时期。这也是我写这本书的小小愿望。

　　当你还执迷不悟、继续神经粗线条的时候，懒惰地窝在家里，穿着宽松的T恤衫，嘴里还不停地吃着油腻的薯条和冰淇淋，看着《BJ单身日记》，在软绵绵的大床上打滚，自我陶醉在"老处女又何妨，总有一天会有一个好男人来娶我"的安逸世界中，那些时尚坏女孩早就将这个世界的帅男人抢夺一空了。

　　这本书并不是能180度改变你人生的魔法书，但它能起到光泽剂的作用，让你的人生多一分光彩！想给你的人生喷洒光泽剂，比活在同一个时代、同样年龄层的其他女人过得更华丽吗，这本书一定能带给你这个机会。

李泰炅

CONTENTS

Chapter 1
风格才是最in的态度 This is style

风格如此美妙 Style is Fabulous

风格如此麻辣 Style is Yummy

This

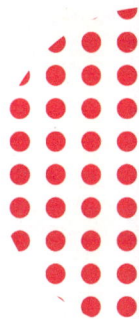

style

CONTENTS

Chapter 2
带着目的享受才能体验到完美的乐趣 Perfect enjoy

品质文化与绝佳体验
——当美女遇上美酒 Play is Idea

从下斜街到殿堂
——时尚人士当如是 Play is Downroad

Perfect enjo

Real
interview

Chapter 3
时髦女郎IT GIRL真实的灵魂访谈
Real interview

V

hot

YOU ARE NOT UGLY

This is s

Chapter 1

风格才是最in的态度
This is style

　　每个月20日，上午9点整，就像定好的闹钟一样，一秒不差地收到一个短信："这个月信用卡结算金额是5575元。结算日是27日……感谢您的使用。"紧接着，到来的短信是其他各种信用卡的账单。幸运的是那些卡还算都很乖，不会突然有一天像爆米花炉那样响出"砰"的一声吓到我。是的，我是一个信用卡消费非常多，以至于受到信用卡公司特别优待的女人，同时也是一个为每月消费金额超出工资金额而心惊胆战的女人。但是作为"储蓄为零"＋"购物狂"＋"妈妈充满担心的唠叨"的代价，我获得了我的时尚造型。

风格如此美妙
Style is
Fabulous

F = future 会穿衣服的女人有前途。

A = a+ 男人给造型时尚的女人的分数是a+。

B = beauty 美女喜欢购物。

U = utopia 百货商店的柜台是购物狂的乌托邦。

L = lovely "好可爱！"是全世界女人发现正适合自己的鞋子时说出来的共同心声。

O = oh my god 正要购买的衣服上竟然贴有5折标签的时候！

U = us 只要一起逛街，平时讨厌的她也是朋友。

S = sold-out 购物狂最最反感的词。

"我可是名牌大学出身。"
越是这样的女人，
越不能素颜和穿运动装

"男朋友一来电话，说'我在你们学校楼下，方便下来吗'，我就会有天塌下来的感觉。因为在学校，多数时间都不化妆，怕男朋友见到这样的我一时认不出来，所以就会找'我现在不在学校啊……真不好意思'等类似的借口先把他打发走。"

女大校园是男生根本就不想进的地方，而这是一个女子大学的学生的故事。但问题是，这并不是一件特殊的个人事例，而是最近女大学生身上普遍发生的事情。因为校园里没有值得看的男生，所以女生不太注重自己的容貌。不知是否受西方文化的影响太深，最近校园的气氛既自由奔放又快活，女生也不太避讳不打扮就出门。

但是，每天过着农场里的羊儿吃草般悠闲自在的生活可比你想象中要危险得多。平时习惯了穿着家居式的衣服后，当你面临特殊的日子（例如去相亲、聚会、参加结婚典礼或与长辈见面时），临阵磨枪地打扮自己难免会不适应。那时的你，可能就会像电影里的女主人公一样，擦着红色的口红，脖子上系着幼稚的围巾，穿着一次都没穿过的高跟鞋，一扭一扭地往前走。经常打扮的人才会具有自己的穿衣风

BAD GIRL
魔咒魔咒

请打扮自己，就当随时随地都有关注你的狗仔队。若不然，你的模样就会像泡开的乌冬面那样，不值一看。

格。偏爱哪种风格并不是很重要。无论是复古的英伦风、时尚的巴黎风，还是休闲的美国风，关键是要选择自己喜欢的。其实忠于自我喜好的同时，还能时刻保持自己的造型感并非难事。每天早晨比别人早起30分钟，越是名牌大学毕业的女人，越要小心素颜和运动休闲装，而应该多花些时间在化妆和打理头发上。

逛街的时候，也不要总选择宽松的衣服，一定要选择吸引人眼球的、具有独特魅力的款式。谁都知道漂亮与魅力是两种不同的概念。就算不漂亮的女人找到了优秀的男人结婚，那也是因为她们具有不可替代的独特魅力。

如果你够幸运，总有一天会有男人找上门，但如果你执迷不悟，继续维持200%超自然模样，也许永远都不会有男朋友找上门。这就是你每天要花时间提升你的造型感的理由之一了。有几个男人会喜欢像刚从澡堂里出来的大婶一样的乱蓬蓬的女人呢！也许你的男朋友会对

你说"这样的你，我也爱"，但是你能保证，当他遇到打扮得光彩夺目的漂亮女人时，会抗拒对方的魅力吗？

主张男女平等的人可能会说："有必要煞费苦心地获取男人芳心吗？"但是就算为了自己，素颜的模样也是件危险的事情。

帮你藏住因为暴饮暴食而鼓起来的小腹的运动裤、让小腿和脚踝不断变粗的旅游鞋、比自己身材大一号的宽松的T恤衫、为了省钱一两个月才去做一次头发……请记住这些行为举止会让你的形象渐渐变得狼狈起来。就算不去有名的健身俱乐部接受专业的训练，只要在每天外出的时候多注意一下自己的形象，自然而然就会拥有完美的身材。

如果平时不注重形象和保持身材的话，你可能始终会与时尚的女人成为两个世界的人。就像一个早上记忆的单词量无论如何都赶不上每天早晨都背一小时英语单词，打扮也是如此。所以你要每天努力督促自己，勤奋地打扮自己。

培养风格10诫

01 　在咖啡店或餐厅等待朋友的时间，也请不要干坐着发愣，或者玩手机游戏。这个时间不妨拿一本该店放有的时装杂志翻看，培养培养时尚眼光。

02 　每天晚上睡觉之前，先准备好第二天要穿的衣服。若不然，在忙碌的早晨很容易穿出不伦不类的NG造型。

03 　一周不能穿两天以上平底鞋或运动鞋。根据不同的鞋，消耗的热量也会不同。平底鞋每小时消耗220kcal，运动鞋每小时消耗228kcal，高跟鞋则能消耗312kcal！要将穿最低5cm的高跟鞋成为习惯，才能拥有纤细的脚踝线条。

04 　随身携带速妆产品。选择没有课的时间段，只要花上10分钟在洗手间就能化出不错的妆容。BB霜、遮瑕膏、黑色眼线笔，以及睫毛夹、加长型睫毛膏、唇彩，这些就能让你闪耀起来。

05 　宅在家里的时候也不要松懈，即使是一整天不用出门的周末，也不要放纵自己油乎乎的头发和脸蛋。一直保持自己的魅力姿态才最重要。

06 　即使减肥也不要盲目挨饿。与之相比，每餐只吃平时1/2的量才更有利于减肥。

07 　当男友跟你说"素颜的你更美丽"的时候，请不要相信。越是这样，越需要投入更多的时间，掌握看似素颜的完美裸妆技巧。

08　　逛街的时候，不要只在外围观摩。要进入卖场内部，就算当时没有多余的钱购买衣服，也要选择自己喜欢的款式，亲自试穿，直到找到最适合自己的款式。

09　　在午餐和晚餐的中间时间吃一顿饭，省下一顿饭的钱，走进美发店。发型决定你所有的造型，因此一个月修一次头发是颇为有必要的奢侈！

10　　购买衣服的时候，一定不要买宽松的尺寸。否则就意味着你此时的心态是"几个月之后可能会长胖，不，也许会那样"的一种没有自信的状态。一旦有了那样的心态，就很容易变成事实。

BAD GIRL

对毫无时尚感的女人，
男人之虚心VS内心

虚心：　不化妆，你依然很美丽。
内心：　好像刚从澡堂出来的大婶。

虚心：　我在门口，能出来一会儿吗，想看看你。
内心：　应该不会真的穿家居服出门吧。

虚心：　没关系，穿运动装也不会丢脸。
内心：　你今天的造型不适合高级餐厅，只能去快餐店，知道吗？

虚心：　为什么看了那个女人是吗？因为妆太浓，造型太夸张……你
　　　　　千万不要那样!
内心：　哇！去哪里才能再次遇见那种女人？

虚心：　金泰熙也是多亏了化妆，如果不化妆，也许还不如你呢。
内心：　无论如何金泰熙比你漂亮是事实，所以拜托你也多打扮打扮
　　　　　吧。

时尚精的造型参考建议

第一堂有课的时候，能穿好衣服出门已经算不错了。像这样着急出门的时候，建议你在手提包中装上速妆产品。休息时间，只要在洗手间投入15分钟就能化出靓丽的妆容。

修整素颜的底妆，覆盖瑕疵的遮瑕膏，强调眼睛轮廓的黑色眼线笔，还有没有睫毛膏也能夹出卷翘睫毛的睫毛夹，和使双颊显出自然红润感的桃粉色腮红（可以用眼影代替）。只要有这些，就能快速地化出完美的妆容。如果晚上有约会，再戴上金黄色闪亮的眼影，在眼角处稍微涂抹就可以了。

——LOVE1004

上学的时候主要穿牛仔短裤，即使一整天有课，也不会感到不舒服，不会显得装扮太夸张，不至于让人皱眉头。是不是有那样的女生？好像要去参加大型颁奖晚会一样出现在校园里，穿着庄重的连衣裙，还用卷发棒卷出一丝不苟的卷发。

既能避开这种夸张的打扮，又能表现出比较舒适又不失时尚感的单品就是牛仔裤。即使穿牛仔裤，也能打造出性感造型的第一秘诀就是要选择穿裤裆短的瘦腿牛仔裤。刚入大学的你上瘦腿牛仔裤就能显得更加苗条纤细。为了隐藏圆润的身材而穿着肥大的衣服，会让你显得更加肥胖。

第二个秘诀只是穿8cm以上的鞋。请站在可以照全身的镜子前，比较一下你穿着平底休闲鞋和高跟鞋的模样。相信你从此再也不愿意穿平底鞋了。

——101fox

无论在何地，我一向保持炫耀的高傲姿势——挺直腰杆，张开肩膀，胸部向前挺，视线稍微往下看。无论穿如何奢华漂亮的衣服，如果你的姿势不对，或者没有自信的姿态，你就无法获得想要的完美造型。无论你坐在长椅上，还是在教室里，还是在去校园超市的路上，一定要注意保持身板挺直的姿势。你周围的男生一定会诧异地惊叹："你好像长高了！"

ID pass

mini
colette:
jusqu'au 23 août

GIVENCHY

购物圈就是你的生活圈，
品质决定地位

Paul Snin

H&M

ENCORE PLUS
DE SOLDES

BAD GIRL

魔咒魔咒

> 购物的时候也要认真计算机会成本。要培养用同样的钱购买到更高价值的产品的购物技巧。为此你要逛HOT PLACE，逛到让你的脚踝发热叫痛为止！

JILLSTUART

作为居住在首尔边缘的人，提出这种观点也许有些好笑，但不可否认江南依然是流行的前线。出于职业特点，时装编辑一周至少要做2~3次百货商店或大型购物广场的调查，所以我对购物环境是了如指掌。加上后天养成的喜欢购物胜过吃饭的癖性，在购物这方面我可谓达人水平。所以我建议对于想要培养时装感觉的人来讲，在江南购物确实是最具效果的。

要在江南购物的理由有下面几个。第一，即使是同样的品牌，根据不同的卖场，所摆出的衣服也有差异。

笔者在做市场调查需要逛百货商店的时候，经常去位于明洞的乐天，在江南高速车站的新世界，龙山I-Park，狎鸥亭洞的现代，狎鸥亭洞Galleria百货店。扫荡各个百货店时发现即使同样的品牌，根据不同的百货商店所摆设的款式和搭配的衣服也不一样。有一天，逛了龙山I-Park的ＭＮＧ（西班牙时装品牌，价格低廉，款式多样，在时装爱好者中人气颇高的一个品牌），同一天还逛了Galleria百货店的ＭＮＧ，发现在品牌广告小册子上有介绍莫妮卡·贝鲁奇穿的主打产品——珍珠色的长款连衣裙，在I-Park没有找到，但Galleria百货店的店中却有陈列，令我非常惊奇。问了I-Park的卖场经理，他告诉我这一款并不是卖没了，而是一开始就没有进货。他还告诉我，因为有地域特性，只会选择这个地域比较能热卖的产品，所以每个卖场所摆设的款式会有差异。

由此，我们得到的初步结论是非大众，又时尚的款式主要在江南。真的假的？令人怀疑的故事往往才是事实中的事实。

要去江南购物的另外一个理由是，江南有设计师品牌和编辑卖场（Selected store）、打折卖场，而这些江北却没有。"喜新厌旧一族"的时装爱好者徐仁英在一次节目中介绍"corso como"是最近青潭洞热门购物地之一。韩国最大规模的编辑卖场中，有川久保玲（COMME des GARCONS'）、鳄鱼、Ｈ＆Ｍ、凯特·摩丝最爱的商店等等。是即使翻遍国外购物的中心也很难找到的款式，在这里你可以找到许多有价值的稀有款式。

徐仁英的节目播出之后，早已熟悉的时装爱好者点了点头就过了，但据说当时有很多女性都来电询问电视台："那个地方到底是哪里？"从这个事实我们可以知道，其实掌握着热门购物宝地情报的人只有极少数。谁能将这些潮流的情报率先掌握在手中也是造型的竞争力。手里攥着同样的500元，你是想穿着满大街随处可见的工厂大批量生产出来的衣服，还是购买国内限量销售的特殊款式的衣服呢，这全在于你的情报力和勤快程度。要想获得最新流行情报，平时要多看时装杂志等，再以此为基础，有时间去江南逛一逛。跟朋友约会的时候

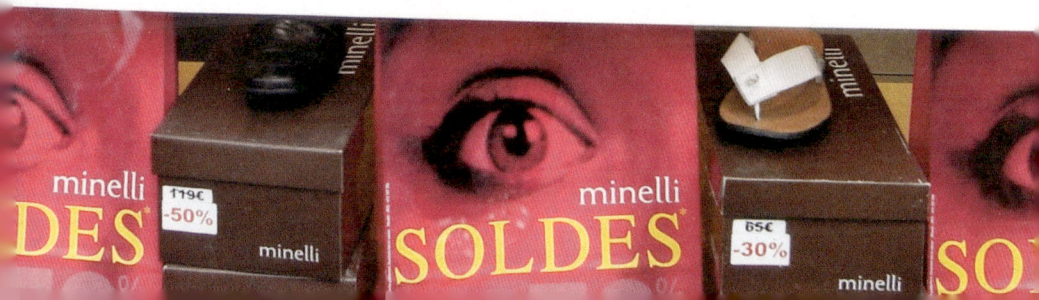

也请约在时装中心街。看得越多，记得越多，你的时尚感就越能快速地提高。

第三个理由是，在江南卖场你可以随时遇见当你的好榜样的购物狂。江南聚集着很多从事时装和媒体相关职业的人，受此影响周围百货商店和衣类卖场的各个角落里也密集着"会穿衣服的人们"。有时候，那些购物狂的穿衣打扮比卖场的模特儿秀更能影响你即将要放进购物袋中的东西。（有时，在旁边购买商品的人们的穿衣档次和购物方式也会影响你的购物方向。她们手上拿着的或试穿着的衣服也值得你留意一下。）

就像"混得圈子"好，才能遇见时尚的人一样，购物环境好了，才能看到更好的东西。为了买到高质量的时尚衣服，购物时也不妨采用"孟母三迁"的方法。

同样的价格，江南商品VS江北商品

1500元左右——在江南同样价格甚至能买到名牌衣服。
50%打折价格的安娜苏的连衣裙

江南百货商店的打折卖场：有时候，在江南百货商店打折活动结束之后，再把剩下的衣服拿到江北百货商店继续参加打折活动。所以，为了获得最佳机会，绝对有必要扫荡江南百货商店的卖场。

McGINN KNIGHTS BRIDGE（韩国品牌女装）针织连衣裙

江北百货商店：1个月的时间里遇到3个穿着同样衣服的人。办公室内，街头，还有咖啡店。这虽然不能怪这款衣服、这个品牌、这个卖场，但也……

800元左右——在江南你可以买到国内为数不多的贵重款式。
川久保玲斑点狗印花袋子

in corso como：设计师夏尚百先生，据说吃透最热门款式的他，看到这个款式爱不释手。我想总有一些款式，让懂得流行的人们为之疯狂。

至今未绝版的MNG褶裥花边连衣裙

乐天百货商店：非常愉快地拿到手里了。可是发现下一周再下一周依然摆在卖场的时候，要知道那件衣服绝对不是人气款式。对于喜欢疯狂追求"只剩一件的款式——人气款式"的我来讲，过季都不断货的款式真的引不起我一点兴趣。

500元左右——江北没有的品牌，江南会有。
TOP SHOP KATE MOSS 长款连衣裙

in corso como：至今未引进到国内的欧洲品牌的款式，平时只能通过代购或海外大型购物网站的照片去选择，但是在这里你可以亲自试手感，亲自试穿。这是这个店的优势。

希思黎（sisley）棉料连衣裙

江北百货商店：虽然有很多颇流行的款式，但它走的是大众品牌路线，并且采取大量生产的方式。所以穿着这个品牌的衣服走在大街上，很容易撞衫。

有助于提升造型的HOT PLACE

Corso como： 除了巴黎以外，世界上第二个corso como卖场开在首尔青潭洞。比起其他综合购物商店，它的时尚款式的进货速度快，还有尽情看艺术书的空间，和观景美丽的咖啡店，所以在那里你可以享受优雅的购物过程。即使不买商品，只要去看一看，也能提升你的时装感觉。

1楼设置了国内未流通的美妆品牌产品的专区，顶级商店凯特莫斯（TOP SHOP KATE MOSS）、川久保玲品牌（COMME des GARCONS）等比较价廉又富有时尚感的款式。2楼有Miu Miu等名牌，还有国内很难买到的稀有商品。高价的高级定制样式的款式也在2楼。在某一个电视节目中介绍这里是徐仁英最爱购物的秘密基地。如果你打算专门学习时尚知识，你可以随时光顾这里。最近在路灯街还出现了打折销售corso como二季产品的直销商店，有机会可以逛一逛。

位置：狎鸥亭 Galleria百货商店 咨询：02-3018-1010，www.10corsocomo.co.kr

Galleria 百货商店西侧： 你是否认为百货商店都无差别，你错了。潮流引领者的核心之地——狎鸥亭的Galleria 百货商店的品牌卖场，是为潮流触觉敏锐的时尚达人专门设计的。这里有很多时装爱好者喜欢的引进品牌店，所以即使不买，只去观看搭配好的款式也能一眼看到当下最热的潮流。逛这里第二个好处是随时都会遇到华丽的打折商品。比如按季节有安娜苏、马克·雅各布斯（Marc Jacobs）、卡尔文·克莱恩（Calvin Klein）等名牌商品的打折活动。一旦尝到这个甜头，以后你一定不想再花正价去买这些商品。

位置：地铁3号线 狎鸥亭站 青潭十字路口，自驾车10分钟 咨询：02-3449-4114

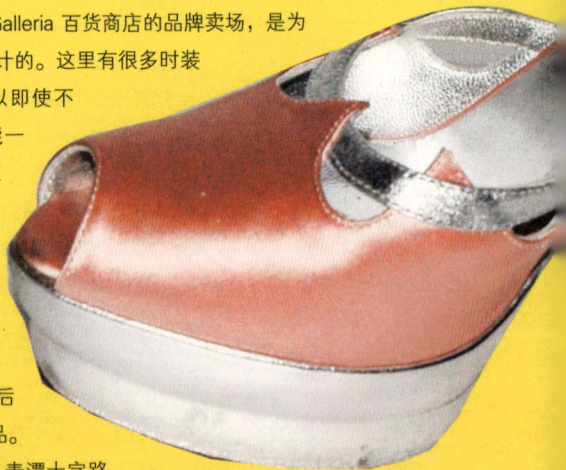

DAILY PROJECTS: 这是以实验性款式的衣服多而闻名的编辑卖场。卖场分1、2楼两个空间，这里的卖场有伦敦和巴黎著名设计师设计的衣服，还有国内新生代设计师的衣服。最近这里还有新生代设计师的品牌的注册活动，时装爱好者对 此给出很高的评价。2楼有能翻阅艺术书籍的图书馆风格 的 咖啡店，1楼有简易的都市中心内的庭院和悠闲的咖啡店，让消费者悠闲购物的同时还能学习时装，是这个店的魅力所在。

位置：青潭洞 鹤洞十字路口 HANA银行旁边

咨询：02-3444-8136 http://daiyprojects.cafe24com

A land: 分明洞和狎鸥亭，共有两个卖场。明洞卖场主要销售欧洲复古风的衣服和装饰小物品。狎鸥亭卖场则以北欧风格的极简抽象的衣服和食品为主，还有庭院式的咖啡店。这两个地方各具特色，值得去看一次。如果想要购买时尚的衬衫或者具有独特设计感的抽象类型的编织衣服，选择狎鸥亭会更好一些。如果想要购买印花很多的日本风的复古衣服，可以去明洞卖场逛一逛。

位置：

狎鸥亭卖场：Rodeo 街内侧，岛山公园方面

咨询：02-542-7654

明洞卖场：4号线明洞站 5号出口 codes combine 附近

咨询：02-318-7654

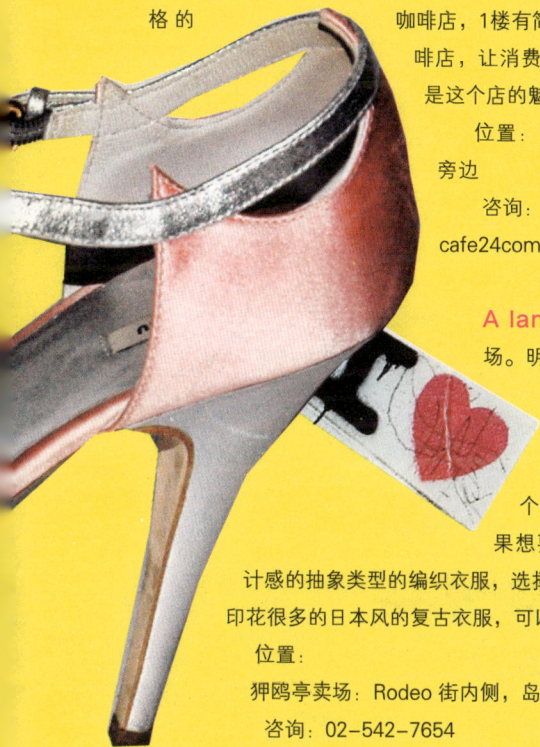

誓死避开
淘宝销量第一的衣服

　　"这是马克·雅各布斯的新品手提包！你竟然买这么高价的包，快告诉我，你最近是不是有什么不错的外快了？"那天见到的女大学生说，听到朋友讲这个话的瞬间明白了上周在网店购买的包就是仿制品。还说从此命名其包为"假冒产品"，再也没有给包包一个眼神。

　　除非你是每天都研究时尚的时装学徒，若不然这是谁都有可能撞到的极其普通的事情。因为在全世界隐蔽的地下空间内，每天都不知道悄悄生产几百件拷贝著名品牌设计款式的产品。所以，在网上冲浪的次数越多，越容易把自己打扮成廉价造型，"危险购物"的概率也会相应升高。除了特别的购物网站以外，一般购物网站的产品都来自海外或国内卖家，这样一来在你不知道的时候，就很容易购买到不明来路的仿造产品。

BAD GIRL

魔咒魔咒

如果你不想在大街上遇见和你穿一模一样衣服的副本，就请戒掉网上购物！即便如此你还是想网上购物的话，劝你至少不要考虑排行第1位的产品。

为了打造出更加精练的造型，首先劝你戒掉网上购物。

因为当你购买大批量制作的网上商店的衣服和饰品时，很有可能发生街头遇见穿着同样衣服的人的尴尬场面。而且盲目地追求流行而购物，也很容易购买到并不适合自己体型和形象的产品。

例如不要因为李孝利穿过的豹纹铅笔短裙成为了话题，你就立刻萌生"不如买一条"的想法，而地毯式搜索所有的网上商店。不要忘了对于下体肥胖、原本骨盆尺寸大、小腹肥胖的人，铅笔裙只能起到反作用，反而强调了粗肥的大腿线条，使你的造型可笑至极。还有，为了寻觅流行款式，在网上搜索到深夜，只能让你的黑眼圈越来越可怕。

要说网上商店中最具危险的款式是什么，那就是在首页闪闪发光的最热款式，即销售第1位的款式。如果是占据人气网上商店首页的款式，购买其商品的人起码也有数十名。

像这样大力主推的衣服和饰品大部分都是最新流行设计，所以一瞬间就能将你的造型变成复制品。如果你不想将自己打造成随处可见的街头造型，如果你想有与众不同的漂亮造型，我在这里千叮咛万嘱咐一定不要点击"销量第1位""sold-out""库存商品"等闪亮商品的订单链接。

网上购物之所以危险，还因为不能亲自试穿再购买，所以很难购买到正适合自己身材的款式。衣服这个商品，无论时间有多紧迫，无论有多怕麻烦，一定要试穿再购买。看着再好的衣服，穿在身上不合身，那它连50分都不到。当你习惯了购买之前试穿，日积月累中你的脑海里就会有关于能够体现自己体型优点的衣服，覆盖缺点的衣服等大致的形象。

当你的大脑中有了关于适合自身造型的印象，在很难试穿再购买的、需要在人山人海中购物的超火爆打折卖场中选衣服的时候，那些印象就能成为非常有用的根据。

综上所述，要想购物不失败，就不要购买网上商店销售第1位的产品。尽可能亲自光顾时装卖场，试穿之后再选择心仪的衣服。请不要忘记这两个最简单的原则。

只要不点击网上绝版款式，库存3季款式，打造自己的造型从此就开始了。

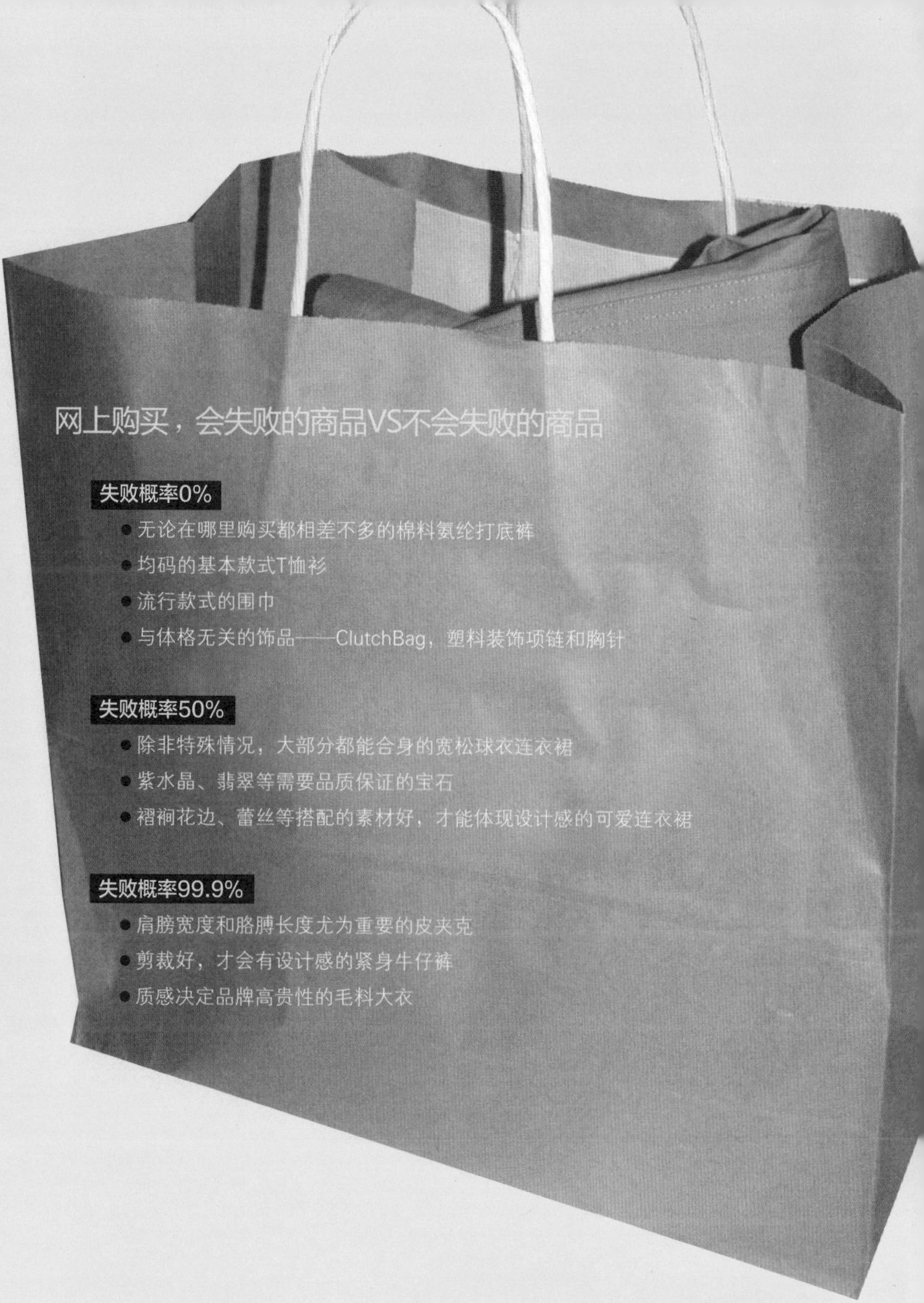

网上购买，会失败的商品VS不会失败的商品

失败概率0%

- 无论在哪里购买都相差不多的棉料氨纶打底裤
- 均码的基本款式T恤衫
- 流行款式的围巾
- 与体格无关的饰品——ClutchBag，塑料装饰项链和胸针

失败概率50%

- 除非特殊情况，大部分都能合身的宽松球衣连衣裙
- 紫水晶、翡翠等需要品质保证的宝石
- 褶裥花边、蕾丝等搭配的素材好，才能体现设计感的可爱连衣裙

失败概率99.9%

- 肩膀宽度和胳膊长度尤为重要的皮夹克
- 剪裁好，才会有设计感的紧身牛仔裤
- 质感决定品牌高贵性的毛料大衣

网购失败者的经验哲学

因为刚进公司不久，要踩着点下班总觉得不好意思。所以只要是中午时间或中间有空的时候，都会从网上购买衣服。这个方法既能节省时间，又不用逛街逛到脚痛。而且每当收到送到公司的装了新衣服的快递箱子的时候，心情都无比激动。这就像繁重的工作中偷闲地小憩，感觉非常的美妙。所以进公司之后每个月至少在网上大出血2~3次。可问题是购物时的那种快感在某一瞬间彻底破灭了。那是收到了与画面上的产品无论从色彩还是材质都完全不同的一双休闲鞋的瞬间。在画面上是好莱坞明星穿着的闪亮的亮漆鞋子，但是我收到的产品是做工粗糙，亮漆掉得一塌糊涂，材质的光泽也很浑浊，就像在市场上贴着"五十元，甩卖"的标签，从大篮子中淘出来的商品一样。气愤之余打电话给网上商店，要求退货，但这是不予退货的商品，最后也只能砸钱进去，而那鞋子也就沦落到守在鞋柜冷僻角落的身世。

——stylish single

购物的时候，试着分出可以在网上购买的商品和要在实体店购买的商品。比如，像每天都会穿的棉料T恤衫，不管是品牌店购买的高价商

品，还是在市场或网上购买的低价商品，穿着似乎没有太大的差别。所以像T恤衫、丝袜、衬裙等穿一个季度就要扔掉的消耗性商品，或者无关体型和尺寸的均码商品，即使在网上购买似乎也无妨。但是像正装裤子和连衣裙、外套等要求精确的人体工学的设计，或者一旦购买会穿很长时间的款式，则在采用高端材料和精密缝制的品牌店购买为好。

——sjhan 2003

经常使用的网上商店，我一般都会注册会员。海外代购网站、造型师和时装爱好者运营的网站等大概有4个网址。不过，之前在海外代购大型网站购买了据说国内市场没有的阿迪达斯田径服装，但收到商品的时候总觉得有些不对劲。阿迪达斯商标和三条线的线条装饰显得有些粗糙。在网站咨询窗口提出了是否是正品的问题，也没有获得任何回答，所以在网上知识检索中查看了正品商标到底是什么样的。才发现我购买的商品，从多种情况来看似乎不是正品。所以，向网站提出因为怀疑不是正品而退货的要求，没想到管理者二话没说就给退了。由此看来那个商品不是正品是确切的。就像这样，打着正品的旗子销售商品的网站不计其数。如果不想遭遇我这样的情况，购买品牌商品的时候，就不要在网上购买，亲自去正品卖场购买更为安全。

——1212gun12

网站购物&造型网站

如果有网上商店的老板看了上面的内容，心中一定怒气冲冲。但考虑到即使是网上购物老手，其购物成功概率也只有50%，我也不得不说几句实话。如果能够辨别好网站、不好的网站、奇怪的网站，参考一下少有人知道的宝物仓库办的网上购物网站列表也无妨。下面要推荐的是能从世界各地的设计师直接配送到家里的网站，购物高手们最喜欢淘宝的几处。

www.thecorner.com 这里有好莱坞明星和全世界著名设计师和时装编辑、造型师等各界名人的最新造型，并有她们穿的衣服是什么品牌、什么款式的说明。而且网站的特点是给目前研究时装的人以及对此有兴趣的人提供课外学习的机会，所以别名也叫做课外辅导网站。一部分产品还能购买。

www.lagarconne.com 这里有zucca（演绎日本独特、简单、酷的造型感的，实验性质的设计品牌）、卢埃拉（深受好莱坞明星和金敏姬等喜爱，因此在韩国是更有名的独特的设计品牌）等，不仅有时尚人士都有过羡慕之心的设计品牌的介绍，还有网站主人亲自提供的时尚的时装纪事，所以在这里能同步做到购物和进行时装学习。

www.asos.com 狗仔队拍摄的好莱坞明星们的照片一旦出现在网上，第二周，在这个网站上一定能找到与她们所穿着的衣服一模一样的商品。其实这就是销售明星衣服的仿造品的地方，但其魅力就在于仿造产品惊人的逼真。如果不顾及质量和个性，只想演绎出好莱坞复制模样的话，这个地方一定是最佳选择。

www.20ltd.com 这个商店很特别，一个款式只卖20件。在这里能同时欣赏艺术的时装和生活工具，还可以购买到其他地方找不到的、极具个性的产品，是一个值得访问的网站。现在有越来越多的引进海外设计产品的综合商店，但是至今还未有一家店能销售这个网站展示的产品，因此更加特别。

从海外网站直接购买，价格比在代购网站购买更低廉。但是在这里购物并非你所想的那么简单。首先，你要有一张全世界通用的VISA卡，并且申请购买之前，还要先确认网站是否接受韩国的订单。因为有些网站只供美洲和欧洲、日本。选择好喜欢的商品之后，还要确认所持有的卡是根据当天的汇率当天就结算的，还是积累一个月份的金额，按结算日的汇率结算的。另外，还要懂得基本的英语经济用语。为了防止购买的商品配送到其他地方，还要懂得清楚地写上自己的地址，尤其要弄清楚国家代码和邮编号的输入栏。

《欲望都市》
《绯闻女孩》
助你变身时尚灵魂

BAD GIRL
魔咒魔咒

回到家洗个舒服的泡沫澡，然后安逸地坐在床上欣赏时尚电影或电视剧。你会发现每天晚上欣赏一部电影，还能提高你的造型水平。

　　无论购买了多少新衣服，穿出来总像偷穿了姐姐的衣服一样别扭的话，证明你需要能短时间内教会你打扮的个人辅导老师。一有时间就看看能成为你的时尚造型老师的时装电视剧和电影中的主人公吧。只要有了她们，就能轻而易举地学到穿衣服打扮的技术，比三分钟料理还简单。

　　从电影《穿普拉达的女王》中一句"当你接受Jimmy Choo的匕首鞋的瞬间，就等于你与恶魔交易了灵魂"的台词，就能让Jimmy Choo的鞋子人气飙升，从这样的事例中也能知道电影和电视剧中出来的商品，成为"it"商品的概率极其高的事实。还有《欲望都市》中的沙拉·杰西卡·帕克在路上遇见强盗的时候说"你可以拿走手提包和戒指，还有手表也可以拿走，但请千万不要碰'Blahniks'"之后，Blahniks的高跟鞋的人气也一路狂飙。电影和电视剧中的虚拟世界和我们现实中的造型之间已经没有什么差异了。在那虚拟世界中流行的款式，传播到我们的世界中的速度也如同光速般迅速。

所以，要想提高时尚的眼光，闲暇时间也是有必要有目的度过的。偶尔去电影院的时候，也不要总是迎合男友的兴趣，看动作片或恐怖片。即使他们会打哈欠感到乏味，也需要鼓起勇气提出想看有关时尚造型的电影。如果不想踩到他的地雷，搞出麻烦的话，就请干脆拒绝一次和他的约会，跟女朋友一起去看一场有关时尚造型的电影吧，这比与闺密闲聊或与男人毫无新意地约会更有价值。

如果你觉得一年最多只有三四部有关时尚造型的电影不能满足你的话，也可以选择看每两秒钟都会展现魅力造型的美国电视剧，或者只用文字也能感觉到造型感的女性时尚读物。

Visual sampler

1. 如果想知道新鲜快活的休闲LA风格造型……

《如何众叛亲离》（How to Lose Friends & ALien ate people，2008）类似以时装杂志为背景的《穿普拉达的女王》的电影，是可以看到克尔斯滕·邓斯特的经典别致的装束，还有梅根·福克斯的LA 风的性感造型的电影。虽然最适合裸妆造型的代表人物克尔斯滕·邓斯特的戏份太少而有些遗憾，但是对于喜欢"女性时尚读物"和造型电影的人们是必须欣赏的作品。

2. 要想学到男人喜欢的可爱的金光闪闪的装束技巧……

《好莱坞女孩》（The hills，MTV，2008）这是代表二十几岁一代的主人公劳伦脱下了少女装束，为了寻找自己的梦想奔向巴黎的历程的时尚电视剧。劳伦·康拉德、海蒂·蒙塔格、奥德利娜·帕特里奇、惠特妮·波特四位女主人公都以华丽的珠光闪烁的造型为主，对于想要演绎出金光闪闪感觉的女生来讲，无疑是顶级装扮教科书。

SARAH JESSICA PARKER
KIM CATTRALL
KRISTIN DAVIS
CYNTHIA NIXON
SEX AND THE CITY
NEW LINE CINEMA
WWW.SEXANDTHECITYMOVIE.COM
HBO
SAVE THE DATE
ONLY IN THEATRES
MAY 30

3. 要想复制纽约风——嘉莉风格（Carrie Style）……

《欲望都市》（Sex and the city，2004）不管是长脸，还是矮个子，同样能够穿得时尚的时装演绎者沙拉·杰西卡·帕克，这就是将她的造型如同百科全书那样呈现给我们的电视剧。这里能学到在家里穿睡衣也能穿得漂亮，粉色短裙也能穿出性感的方法，穿着细高跟鞋也不会显得夸张的造型法，随时变化大波浪长发造型的方法，加上人气品牌的情报，可谓综合情报站。

4. 如果想知道最近十几岁的纽约年轻人喜好什么造型……

《绯闻女孩》（Gossip girl，美国 CWTV，2007~2008）"最近谁还穿校服？又土又小孩儿……"你说过这些话吗，这部电视剧将会让你瞠目结舌。剧中扮演纽约高中生的她们以多种穿法呈现出了将校服妹装穿出大人味的方法。还有放学后的情景中，有瑟琳娜耀眼的造型，有布莱尔可爱的奥黛丽·赫本的造型。这些就像漫画主人公施魔法一样，每一个场面都有不同的演绎。这个电视剧是让你一眼掌握纽约的十几岁的年轻人喜欢的衣服和饰品等各种情报的参考书。

5. 如果想演绎出成熟的职业女性……

《女人帮》（Cashmere mafia，美国 ABC，2008）不是金发，也不是白皮肤的刘玉玲主演，因此我们可以获得更加接近我们的造型情报，这是优点。但她所扮演的是纽约一家成功杂志社的编辑局长，因此所穿着的衣服都是极其华丽和昂贵的。而且第1季之后，第2季处于暂时中断状态，因此原本想从中获得与《欲望都市》一样多的情报的人们，多少会有些失望。

《穿普拉达的女王》（The devil wears Prada，2006）只要是时装界的人，看完这部电影无不为之叹服。因为它包含了当时流行的所有造型，还有时装界幕后不为人知的琐碎故事。虽然是2006年制作的电影，但主人公安妮·海瑟薇的可爱性感办公室装扮现在穿也是毫不逊色的经典款式。

《相思成灾》（Love and other disasters，2006）要想了解伦敦最流行的时尚，就要去布莱克港街，但如果无法去伦敦，那么找一些以伦敦为背景的电影来看也是一种方法。其中一部就是这个电影。饰演伦敦《VOGUE》杂志社助理编辑的布莱特妮·墨菲用复古的发型和衣服表现出了伦敦成功女人的姿态。尤其要留意她在俱乐部和在公司工作时衣服的变化。

《拜金女郎》（Material girls，2006）双胞胎主人公表现出了紧身、性感、华丽的LA风的造型。如果你想知道与迷你连衣裙最能搭配的珠宝、高跟鞋，还有发型，这部电影一定是最好的教练。而且她们的房间里衣橱和梳妆台装饰的小物品也很有趣。

《工厂女孩》（Factory girl，2006）讲述的是一代前卫艺术大师安迪·沃霍的艺术生涯和他的缪斯——电影明星伊迪·塞奇威克的故事。扮演伊迪·塞奇威克角色的西耶娜·米勒的造型堪称艺术中的经典。从这部电影中，能看到她毫无顾忌地驾驭着各种风格——典雅的伦敦风格、金光闪闪的复古风格、POP艺术获得灵感的风格，时而配以豹纹和闪光的丝袜，以及夸张的首饰等等。如果说伦敦风的典型

模特儿是凯特·莫斯的话，那么这部时装电影起着相同的作用。

sampler

1. 如果想阅读韩国的时装小说……

《造型》（百英玉，艺坛）正在筹拍电视剧，也获得了世界文学奖，称为韩国最初的鸡仔文学（chick＋literature）的小说。就像作者在序言中讲到的那样，如果变得骨瘦如柴了，还有健康可言吗；有了想要穿上普拉达的世俗欲望，还会有给第三世界的孩子捐款的想法么？其内容反映了这个时代都市女性的苦恼，而且不仅写了如何打造时尚的形象，还对想要成为造型师的人们做了心灵的引导。

2. 如果想要边缘的造型……

《李允晶 STYEL PLAY》（李允晶，爱丽丝）最近时装杂志和时尚类书籍中经常能看到"边缘（edge）的造型"这个词，即指非大众、非主流的造型。对于会穿衣服的人来讲，非主流的造型才觉得是主流。而这本书非常适合作为学习边缘造型的参考书，听听昨日是歌手，今日是造型师的李允晶的时尚经应该会有些帮助。

3. 纽约人喜欢的造型，想了解她们的生活方式……

《谁都有权利知道》（Everyone Worth Knowing）（Lauren Weisberger）《穿普拉达的女王》的作者的另外一本关于造型的小说。这本书非常现实地表现了在纽约曼哈顿从事宣传和派对设计者工作的人们的生活方式，还有她们的穿着打扮。虽然比起前一部作品没有太华丽多变的时尚造型，但是了解她们的生活方式还是很不错。

4. 如果想知道欧洲和纽约的购物宝地和品牌情报……

《购物狂》（Shopaholic）（Sophie Kinsella）这是关于在伦敦经济杂志社工作的20多岁的女记者丽贝卡的购物成瘾的故事。这虽是一部物质至上主义的小说，但是作为时尚类的小说却是无与伦比的美妙。多亏了患有购物病的主人公，我们可以从中得知伦敦和纽约等地的人气品牌和购物宝地的情报，还有时髦的造型装扮的故事。

名流也想模仿的影视时尚造型

　　安妮·海瑟薇出演的电影就是时装造型的圣经。《穿普拉达的女王》就像是一个时装表演节目，《主妇们的战争》则看到了时髦的纽约造型。我最想学的是《穿普拉达的女王》中的结尾主人公身着有些许褶皱的黑色编织连衣裙，配上做旧复古的长项链的造型，再搭配黑色长靴以及复古手包的话，就能演绎出别致的法国风情了吧。

——李河娜（编辑）

　　美国电视剧《女人帮》的杂志主编——刘玉玲的造型华丽又不失优雅。例如成熟的葡萄色的紧身编织套衫，搭配了H形豹纹短裙，可以强调修长性感的身材。简约设计的高跟鞋又呈现出了成功职业女性本身的魅力。金色风衣搭配国际化的正装裤，再以人造毛皮的装饰画龙点睛，既时尚又有品位，可谓一石二鸟。

——裴正贤（购物专栏作家）

　　《亲切的金子小姐》中的李英爱的造型让人想起复古的英伦风。就好像1980年流行的复古风的画中人——令人印象深刻的印花连衣裙搭配糖果色丝袜，再戴上塑料材质的大墨镜，所有的造型元素都风趣地表现出了复古风格，很是喜欢。不过这样的装扮可能给人留下恐怖的印象，所以只能搭配裸妆，这无疑是一个缺点。

——姜河娜（时装记者）

　　《蜂蜜与四叶草》中苍井优的造型深受女大学生喜欢。花纹褶皱的小碎花裙，加上宽松的长外套，搭配上平底鞋和复古风的包包，既舒适又可爱。即使苍井优是长长的直发和素颜，但散发出浓郁的复古味道，显得很温柔，比较讨男生喜欢。

——李恩珠（造型师）

风格如此麻辣

Style is
Yummy

Y = you 了解自己的过程。

U = unique 想要绝无仅有的，只剩下一件的衣服占为己有的坚定意志。

M = mp3 具有让身体左右快乐摇摆的奇妙魔力，所以是同级的！

M = muse 你该供奉的神是让你冲动购物的神。

Y = yes "要买这个商品吗？"当业务员拿着即将断货的商品向我搭话的时候，我坚定地回答。

拿来主义

是通往时尚道路的捷径

BAD GIRL
魔咒魔咒

购物博士，恋爱博士，造型博士，舞蹈博士……要想弥补你的短板，就请设定你的学习模板作为你的行动指南。只要跟着它们的指令去做，你就可以用最少的时间、金钱、精力，快速脱胎换骨成为高手。

　　有关时尚的各种媒体节目和杂志一般都会告诉你，应该积极活用能作为自己的榜样的模特，并且还要反复学习。习惯了这种反复的模仿，某一瞬间也会怀疑活在这个追求个性和多样性的时代中，以别人为榜样是否正确呢。不过，你还记得第一次用遥控器操控电视时的便利感吗？对，你只要将你的模板当成遥控器般的工具就好了。这样一来你的人生也就会变得像抹了奶酪的面包一样更加顺滑。

　　媒体曝光率最高的"会穿衣服的"超级模特是凯特·莫斯。如果你的身材也像她那样干瘦的话，也许就没有不合适的衣服了。即使这样，将她的时装照片集中贴在衣橱边上，还是能更高层次地提升你的造型感。就像在考场中手里攒着一个小抄一样，有了这些照片就等于在时尚造型考试之前，获得了一张写满了造型情报的小纸条一样，会让你更加胸有成竹。

**时装造型的天才，
凯特·莫斯。
只要收集好她的照片，
就能了解最新时尚动态。**

　　每天早上先看一眼她的照片，再从衣橱中找出类似款式的衣服，
不仅会节省外出准备的时间，而且还能提升自信，因为你挑战了模特
的造型。所以复制模特的造型，不仅具有实用性，作为操控心态的工
具也不错。

　　如果还能将此方法运用到其他领域，短时间内你就能升级为高手。

只要设定好模特，
打造自己的风格就会变得更容易。
尽可能先学习经典、有公信力的模特，
渐渐再换成能激发自己个性的模特，
这也是提升你的自信心的好方法。

进入大学之后，如果你想比周围同学更快地变身为时尚达人，因为博学多才成为在任何场合都受欢迎的人，就请欣然邀请各领域的模特吧。

让我们听听女大学生L小姐的苦恼吧。据说直到高中她都在用母亲给她买的BB霜，进入大学之后开始自己购买化妆品，苦恼不计其数。因为购买的化妆品导致脸上的痘痘更加恶劣，也因为在单眼皮上涂了流行的钻色眼影而被同学取笑像村姑。为了购买适合自己皮肤、脸型和长相的化妆品花费了不小的金额，而且也有很多用了一次就被丢弃在梳妆台一角的产品。

我把宝拉·培冈（Paula Begoun）推荐给她做她的模特。写过《没有我不要去买化妆品》（Don't Go to the Cosmetics Counter Without Me）的宝拉·培冈至少在选择化妆品方面比任何博士都更胜一筹。所以L小姐把那本比词典还厚的宝拉·培冈的书放在了梳妆台一旁，每次出门买化妆品都会读应急建议。她说，从那时起再也没有为了购买化妆品的事而苦恼过，因为有了购买过不计其数的美妆产品的宝拉·培冈给她当了有力的模特。

再听听女子大学二年级B小姐的另一种苦恼吧。她是音痴加舞痴，每次参加聚会或有联谊活动，当有人提议去歌厅或俱乐部，她都担心自己会丢人，而匆忙跑回家。这种事情重复多次之后，朋友们就把她定义为"不太能玩的类型"。就这样过了一个学期之后，朋友的聚会和联谊就开始不再找她了。

　　她想至少也要克服其中一项，但是不知该用什么方法，觉得很茫然，无从下手。这时，她看到了高中生的妹妹在网上学习完美女孩（Wonder Girls）的舞台动作的场景，想到自己其实也可以通过网络学几个舞蹈动作。在网上输入想要的歌手和歌名就能找到可以从观众的角度看到的"镜子动作"，学习起来很方便。然后跟朋友去了俱乐部，刚开始几次没有跳舞，只是观看了在那里跳舞的人的舞姿。她说她真的是没有接受任何一个舞蹈课的培训，只是凭看一看跟着跳就摆脱了舞痴。对于B小姐而言，通过网络教她跳舞动作的歌手们，以及在俱乐部跳舞的人们，就是她的模特。最近报纸的专栏中，医生、律师等领域的专家担任记者的情况不也很流行吗。是的，时代变了，成为高手的方法也是多种多样。不要一提到模特就想到小时候尊敬的伟人，想到了不起的人物。只要当你需要的时候，比自己胜一筹的任何人都可以当模特，偷偷学习他的技巧，直到成为高手就好。能最快速地成为高手的聪明方法就是模特导向法。

时尚杂志编辑推荐的不同领域的典范

以时尚杂志编辑为对象询问了不同领域当之无愧的典范，虽然调查对象人数较少，但他们都是有绝对权威的专家，所以还是有参考价值的。

造型典范

● 大腿肥胖也无大碍！金慧珠的牛仔短裤

● 用过时的军装演绎时尚的搭配技巧！李孝利的日常服装

● 用平凡的款式也能演绎出舞台动感造型的专家！
歌手兼造型师李允晶的造型

● 用黑色打底裤演绎出101种造型的领军者！
凯特·莫斯当之无愧

恋爱典范

● 虽然饱受女同胞的恶骂，但依然令人羡慕。孙泰英（权相佑夫人）
可爱的白痴魅力

● 以朋友的身份接近，加深感情。散发自然魅力的申凤善（笑星）

● 可以让一个男人全身心投入，以舒服感取胜。孔孝珍

理财典范

● 挣回来的钱全部存进存折里，100％信赖银行。玄英

● 如果不够信任自己，就托付给妈妈和爸爸。Rain

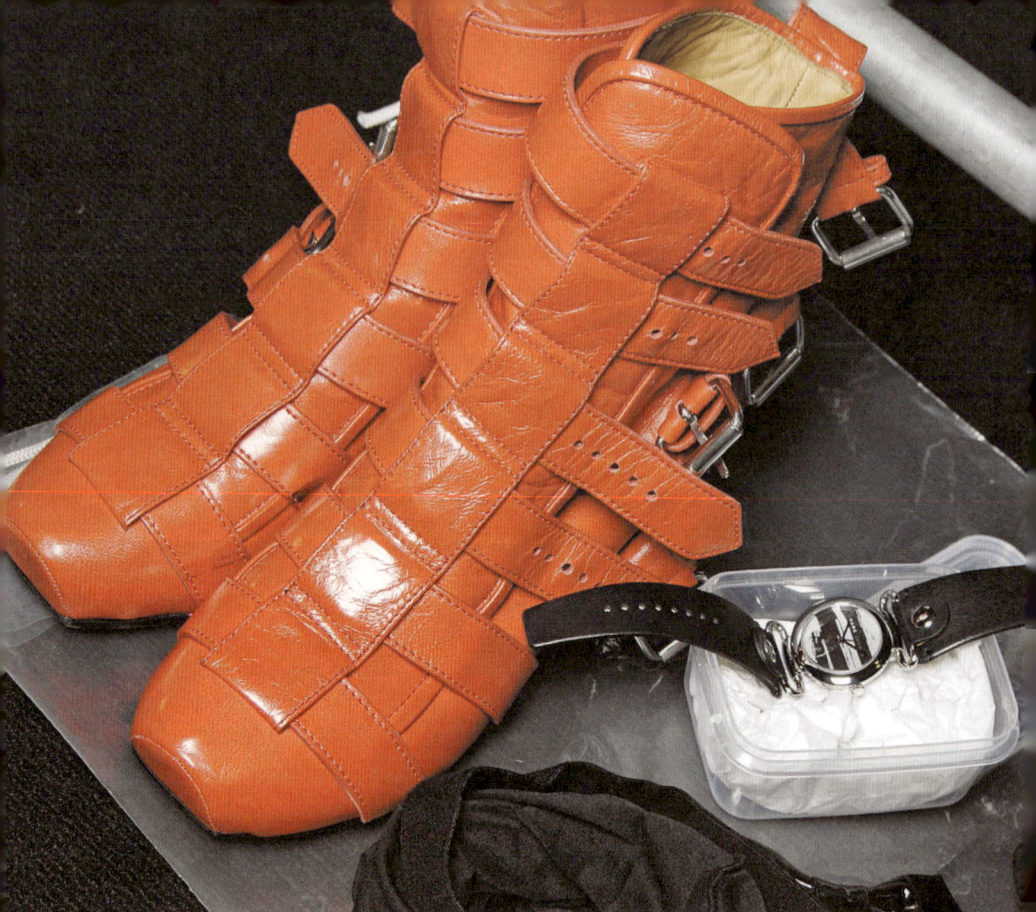

对于男人的审美，
要不动声色地投其所好

BAD GIRL
魔咒魔咒

他回头看路过的美女吗？不要责备他。你要做的就是尽快掌握抓住他视线的造型公式。

　　每个月准备以二三十岁女性为对象的时装纪事的时候，做得最多的工作就是"男人喜欢的衣服是什么款式的""第一次约会的时候要避开什么样的衣服"等为了深挖男人内心世界的调查问卷。这几年重复调查中，了解到男人的内心其实比女人更加偏激、保守。假设穿着迷你裙，涂抹红色的口红，睫毛夹得高高的，身材超级辣的女人走在大街上，一般的男人大多会往那个女人走的方向反射性地扭过头去。然后3秒钟内在大脑中打出对她的身材和造型的分数，感叹"这个女人很不错"。但是在过渡到下一个阶段的时候，很少萌生类似"要不要跟这样的女人约会"，或者"我要把她变成我的女人"这样的想法。因为一般来讲，男人的大脑中存在指示监督者，它会命令对于这种露得严重的女人做出"不够端庄"的评价。可问题是不少女人一直无视这种指示监督者的存在，始终维持着被评价为不够端庄的造型。这是"女人眼中漂亮的造型"和"男人眼中漂亮的造型"之间存在着显著差异的原因。如果不想承认这个差异，只想坚持追求自己的造型的话，劝你趁早放弃寻找到好男人的机会。所以，要想作为聪明的狐狸活在当下——同时具备男人的爱慕、自我实现、自己的风格，就不能不掌握男人所喜欢的造型情报。当你发现他们的内心想法与你的想法背道而驰的时候，尽快变换造型方向才是最明智的做法。下面是我在写杂志专栏的时候了解的，在自己的女友面前绝对不会说出口的"男人对于女人的造型的真实想法"的一部分。通过这个内容，你将了解到男人颇为私密和自私的心态到底是怎么样的。

Q1：希望下列款式女友不要尝试的是？请按顺序排列。

1. 豹纹开衫　　　　　　　　　2. 有颜色的打底裤

3. 看得到锁骨的性感上衣外套　　4. 迷你超短裙

1234：25%　　2413：10%　　3421：15%

3241：5%　　4312：25%　　4123：5%

Tip：希望自己的女友不要穿迷你短裙是所有男人共同的心声！会给男人留下强势印象的豹纹和有颜色的打底裤也都不大受欢迎。

Q2：去见父母的时候，希望她不要穿的衣服是？

1. 正式设计的裤子正装造型 25%　　2. 可爱连衣裙造型 45%

3. 显得干练的白色衬衫造型 15%　　4. 时尚的印花款式的造型 15%

Tip：综合来讲，只要是具有女人味，干净的造型就好。性感款式是绝对的禁物，加上在父母面前，和男朋友的亲昵行为也是绝对禁止的！

Q3：手提包中有这些物品的女人具有魅力！

1. 励志书 5%　 2. 镜子 5%　 3. 避孕套 20%　 4. 手绢 60%

5. 其他 10%　文学书（总感觉这样的女人感性极强，充满知性魅力）

饮料（口渴的时候，从她的包中拿出来的饮料就像是沙漠中的绿洲）

除臭剂（不敢想象满身汗臭味的她）

现金（舍得为我花钱，没有比这更有魅力的了）

Tip：意外的是男人的内心似乎只有古典小说中才会存在，会打动他们内心深处的竟然是小小的手绢！

Q4：下列浪漫物品中，最可爱的是？

1. 华丽的粉色连衣裙 45%　　　2. 稍有些透明的蕾丝素材的短上衣 10%

3. 蝴蝶结装饰的白色短上衣 35%　　4. 花朵形的喇叭裙 10%

Tip：在这一条中也能看得出来，活在这个时代的韩国二三十岁的男人依然呈现保守的倾向。

Q5：最性感的妆容和发型是？

1. 自然的妆容加上长长的直发 25%

2. 粉色调的妆容，中长度的大卷发 45%

3. 猫眼般的眼妆，蓬松的短发 20%

4. 自然妆容，盘头 10%

Tip：如果你还想开始新的恋情或想维持现在细水长流的关系的话，要想尝试流行的明星短发，建议你再考虑一下。

Q6：与你的初夜，让他兴奋的内衣设计是？

1. 显得纯朴的白色内衣 40%　　　2. 性感的豹纹内衣 5%

3. 花边装饰多的可爱内衣 15%　　4. 隐隐透明的薄纱内衣 40%

Tip：如果不想让对方觉得自己是这方面的高手，选择纯朴的款式是最安全的。有可能的话选择白色加一点蕾丝的款式。

Q7：今天的潮流中，希望女友不要追捧的是？

1. 猫眼烟熏妆 45%　　　2. 复古的方格图案衣服 0%

3. 紧身短裤 20%　　　4. 复古的一字形发型 35%

Tip：现在立刻翻出梳妆台，如果有黑色眼线笔，请立刻扔掉。

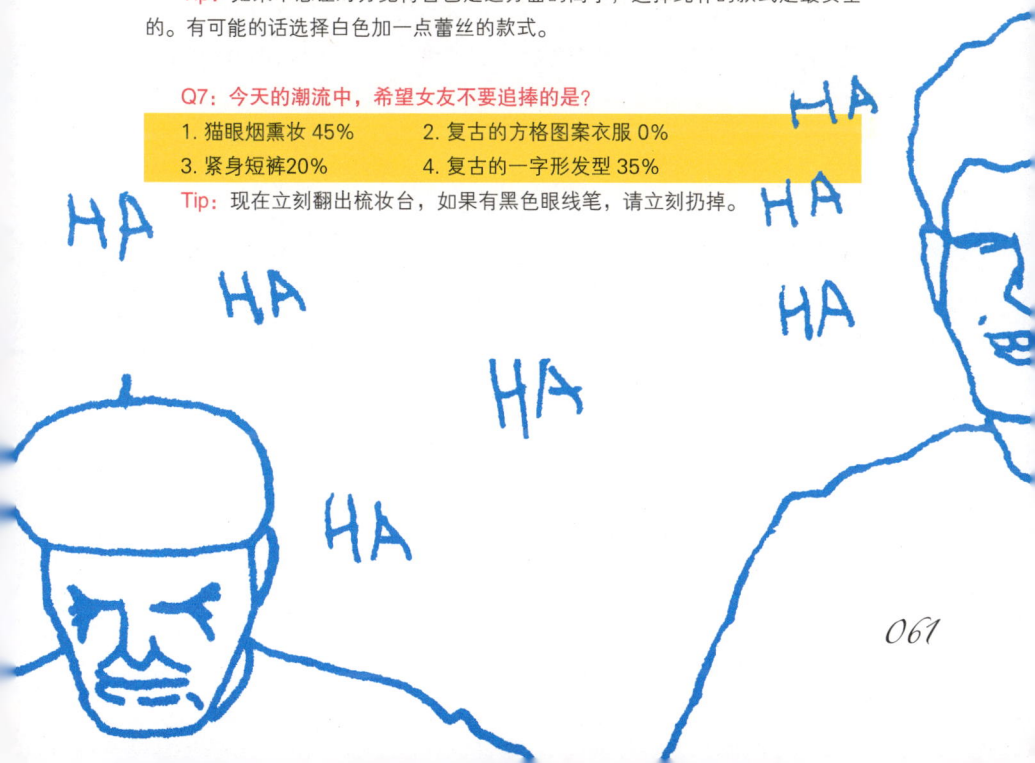

　　看完上面的结果，请你重新检查一下你自己的答案和男人们的平均答案有百分之几的一致性。如果一致性很低，请记住因为你的造型可能会降低整体印象的分数。从现在起把这些简单有效的方法灵活运用到你的人生中，你就再也不会满腹怨念地唠叨着："周围的女朋友都羡慕我穿衣服的感觉，但同时也为我身边为什么没有时尚的男朋友而感到奇怪。我自己也不理解，为什么至今未出现白马王子。"

　　前面介绍调查问卷结果的目的，并非想让你必须时刻注意男人的心态，为迎合他们而煞费苦心，而是希望常年带着单身标签的人们，在分析为什么会这样的时候，能帮助你找到原因。作为聪明的狐狸，必须要有这世间所有的秘笈都为我所用的自信心。打造出能给男人留下好印象的造型，并不是为了成为迎合男人喜好的婢女，而是为了在他们的头顶上铺上软绵绵的坐垫，优雅地坐在上面。除了前面介绍的内容以外，通过多次调查问卷和采访了解到的、男人也认可的更胜一筹的造型公式，就是你们必须要掌握的技巧。平时你可以随性地穿上网状丝袜配上迷你超短裙自信地走在街上，但是在重要场合，一定要想起这一寸之差的造型公式，给你的造型作出应急转变。

01 　　约会时请千万不要穿女朋友们称赞"今天很帅哦"的衣服。例如，长款豹纹大衣，黑色眼线的妆容，这样的造型是绝对禁止的。

02 　　不过分执迷于粉色。不要听说男人喜欢浪漫的造型，就将自己用粉色全部武装起来。如粉色口红、粉色连衣裙、粉色头花等等。即使是非常可爱的造型，也不免让男人怀疑"这个女人是不是精神不正常"。

03 　　与他的朋友或家人聚会的时候，即使是和他单独约会时可以穿的衣服，也还是需要适当修饰的。比如他喜欢露出锁骨的开放式领口的针织外套，或和他去游乐场时穿的牛仔短裙，这些是必须要避免的款式。

04 　　男人看到粘了假睫毛的女人会皱紧眉头，但是看到做了睫毛延长手术的女人却称赞她美丽。所以同样是假货也要演绎出自然的造型。

05 　　和他交往100天的日子、他的生日、你的生日等特别的日子，更要避免平时未尝试过的夸张款式。如果做了平时未尝试的造型，就像刚穿的新鞋会磨脚后跟那样，给人不舒服的感觉。

06 　　如果某次约会时男友和你说过"如果前面的刘海也留长往后梳，感觉会更性感"，即使当下再流行前刘海发型，也一定不要盲目跟随。因为他婉转地和你说过"千万不要留前刘海，那种发型太恐怖了"。

07 　　结束单身生活，开始交男朋友的时候，购买内衣的次数会明显增加。这个时候最容易犯的错误是会冲动地拿起平时不穿的华丽款式（让人觉得是轻浮的女人）。不妨邀请恋爱时间比较长的女朋友一同去购买内衣。

爱情高手都是静若处子、
动如脱兔的两面派

BAD GIRL
魔咒魔咒

> 学习卡拉·布鲁尼的变身术，有时像第一夫人一样高贵又有品位，有时像性感歌手一样变身魅惑女人。若想成为聪明的坏女人，就要变身为具有两面性的法国女人。

　　三十多岁的我早已懂事成人，最近偶尔也会讨厌那些在年轻群体中被父母们称赞为"好儿子""好女儿"的人。聪明的头脑，乖巧的身材，对男人充满智慧的无限理解的心……原本我想用"年纪还这么小，怎么可能承受那么多""那都是背景好得不得了的富家子女才能做到的"等这些多少带有否定的想法将自己的言行正常化。但是"好女儿"形象的卡拉·布鲁尼则真的无法用这些借口来解释。

　　她的出身、年龄、学历都不足以成为公共之敌，却成了前法国总统萨科齐的夫人。她为什么会如此受欢迎？她既是众人争相模仿的时尚领军人物，又具备了我们所希望的坏女孩的各种条件。

　　1968年出生的她既是意大利的模特儿，又是法国香颂歌手。去年和萨科齐80天恋爱之后，使得萨科齐抛弃前妻，与她举行了闪电婚礼。在短时间内抢走别人的男人使其成为女人的公共之敌，因此曾经也被世人评价为"恶毒的女人"。但是结婚之后，她却有了180度的转变，她一改往日的风格，以端庄高雅的造型和行为举止示人，还演绎出了符合第一夫人角色的时尚造型，在很短的时间内让很多人改变了对她的印象。曾经她是敢做裸体模特儿的女人，对大胆的造型一点也不胆怯，但是最近她却只穿窈窕淑女般的紧身淡雅款式的衣服。

如果她只改变了造型和行为举止，也许外人看来她只是像一个刚过门的新娘。但是世人对她的评价如此之高，重点在于她没有懒惰于自我素养的提高。成为第一夫人之后，她也表示除了第一夫人的角色以外，还会继续做好歌手的职业，并出了新专辑。这意味着在做好丈夫的贤内助的同时，也不会放弃实现自我的价值。这就是那些所谓的专家以及高手也容易忽视的战略，但她连这最后的2%也做到了极致，这就是她作为坏女孩秘笈。

这些颇有用的坏女孩本性就是使她获得高人气的秘诀。我们不妨一一解剖布鲁尼的坏女孩本性，并运用到我们的生活中去。

第一，造型要符合状况和场合，不要因为是特殊的日子而加倍打扮。

布鲁尼不因自己是第一夫人而夸张装扮。她一贯保持穿着简洁的紫色或灰色的半正装风格，似乎只擦了BB霜的裸妆妆容也为她加分不少，还有似乎快要不见了的自然卷发。我们要跟她学的就是，越是特别的日子，自然的造型越能闪闪发光的道理。

出门赴男友的约会前，当你一边想着"到底要穿什么呢"，一边在衣橱前犹豫半天之后选择的衣服很有可能是太过夸张的款式。越是想要打扮得更漂亮的特殊的日子，越需要保持在造型方面的平常心，以平时的衣服和妆容示人。

第二，必要时要有连长发也能剪短的勇气。

　　萨科齐之所以迷恋布鲁尼，是因为布鲁尼懂得根据场合随时改变自己的造型，而不是一味地坚持自己的造型。如果布鲁尼坚持穿她以前喜欢穿的露出一大块锁骨的无领连衣裙，或是穿着贴满亮片的鞋的话，或许他们俩之间会因为这些琐碎的事情而不和。不过之所以没有造型问题，是因为布鲁尼懂得舍弃自己喜欢的东西，具有根据场合搭配着装的智慧。对于已经恋爱5年以上，有一个像朋友般的恋人的女人来讲是最重要的技能。如果一直以来你都坚持长长的直发和休闲装，使他审美疲劳的话，有必要突然有一天剪一个清纯可爱的刘海发型，穿着迷你短裙出现在他面前，满足他"希望有一次能与其他女生艳遇"的欲望。

第三，要有足以迷倒对方的真情流露的服务精神。

　　周围朋友多的人要么是外貌出众，要么是有钱有势的人家，要么就是性格无忧无虑的人。

　　但是如果因为这三种理由中的一种就有很多朋友的话，总会给人一种不够光彩的感觉。而且周围的人也许大多数并非想要与他真心交流，而只是关注外表而已。

　　但布鲁尼虽然漂亮、有钱有势，却依然获得萨科齐以及周围人的认可，是因为她懂得抓住他人的心理。她最常用的方法就是"良言一句三冬暖"。即使是很小的细节，她也能找出值得称赞的点来称赞对方。而大众的心理恰恰就是对于称赞自己的人，就会放松警惕，变得容易靠近。而布鲁尼非常懂得这个道理。

　　在回忆录《卡拉和尼古拉——真实的故事》中布鲁尼讲到"不论

是萨科齐总统的体形，还是他的魅力和知性都对我充满着诱惑"，还讲到"丈夫是拥有五六个头脑的人，还是非常有趣，懂得充实人生的人"。她一点都不吝啬于赞美丈夫。这不正是48个小时就牢牢抓住了萨科齐的心的秘笈吗？

第四，不要为了男人，牺牲自己的工作。

布鲁尼被称为归来的杰奎琳，这个时代的玛丽·安托瓦内特。她之所以获得这个称号，不仅仅是因为外貌的相像，也因为她守护住了自己独特的魅力。

她推出了《爱情是麻药》的专辑，并在电视及各种公演中，显示出了不放弃梦想的精神。男人似乎喜欢为了自己牺牲所有、迎合自己脾气的女人，但那只是一时的。时间久了男人会认为为自己牺牲一切的女人难免有些轻率，而布鲁尼的这颇有心机和影响力的坏女孩的本性来源于法国女性的风格。似乎没有打扮却很性感；似乎对男人毫无兴趣，却时刻向男性散发出迷人的魅力；任何时候都保持对自己的自信心和自傲的心理，可以说这就是法国女人特有的本性。如果你以前是忽冷忽热，一度烧成干锅，又瞬间冷却如冰的人，如果你以前是一旦有不称你心意的事情便立刻大发雷霆的人，如果你以前参加特殊场合因为夸张的装扮而受到了炽热的嘲讽目光，即使你因为这些事情至今未交过像样的男朋友，没关系，只要你把布鲁尼为代表的法国女人当成你的楷模，学习她们的风格，你就一定能登上新的恋爱气流。让我们再看看都有哪些像布鲁尼一样的女人，能将她们设为模范的200%法国坏女孩。

塞格琳·罗雅尔： 法国版"FHM"评选的在法国最性感的女性第6位，54岁的女政治家。塞格琳的3件必需品有笔记本、笔、唇膏。她是在拥有如此高的社会地位和名声的同时，还能仔细打理好自己的形象的100分超级女性。

简·伯金： 20世纪60年代鼎盛的演员及歌手。虽然出生于伦敦，但是与塞吉·金斯伯格结婚之后成为了名副其实的法国明星。喜欢穿牛仔的她，用简简单单的衣服也足以显示出性感的魅力。她同时还具备纯朴和颓废的感觉，因此更加魅力无穷。最近作为纽约Roots and paetmoseu 毛衣公司的客串设计师，推出了带有自己名字的衣服。

夏洛特·金斯伯格： 如果想要知道如何能够穿出法国雅致的街头风格的话，请留意她的穿衣打扮。香颂歌手塞吉·金斯伯格和简·伯金之女的她，被称为这个时代最会穿衣服的法国明星。在瓦伦西亚GERARD DAREL的模特儿活动中，还作为电影演员和歌手活跃其中。

卡琳·洛菲德： 巴黎《VOGUE》主编的她，被称为有节制，又充满个性的造型代名词。同样也称得上是法国雅致风格之典范的她超越了岁月的限制，即使年过50岁，依然走在时髦的前线，呈现出时装的流行趋势，是名副其实的造型模范。

简 · 伯金（Jane Berkin）

在坏女孩当中颇具影响力的法国典雅风格

　　整体为保守风格，但要给出亮点使其不会单调。布鲁尼访问英国拜见伊丽莎白二世女王的时候，穿了灰色的铅笔裙正装。这个造型是去见长辈和参加聚会的时候，谁都能想得到的造型。不过，布鲁尼在腰线上搭配上黑色腰带，戴上了淡雅的毛织贝雷帽，可爱的黑色手提包，还有平底鞋，增添了亮点。而在参加会馆的盛宴时，她在素净的白色晚礼服上仅仅点缀了一个闪亮的珠宝！不会过分华丽，也不会显得太过保守，这样的装扮技巧，除了她也适用于每个人。

　　脱掉日常服装，大胆穿上明艳动人和有设计感的衣服吧！越是平常，越要避开耀眼的造型，这就是布鲁尼的时装准则。黑色T恤衫，牛仔裤，似乎没有打理过的自然的发型，还有自然的裸妆，布鲁尼就是喜欢这样的造型。去海边旅行的时候，明星基本款是必备的，比如大墨镜和大檐帽子、披肩和人字拖鞋等，简简单单就能打造出大牌的感觉。

　　布鲁尼给丈夫萨科齐推荐了橙色、天蓝色、绿色、荧光黄色等鲜艳色彩的泳装。像这样不仅顾自己，还能为对方考虑着装的行为也是非常有魅力的。

　　请掌握男人们喜欢的着装。据说法国魅力女性的代表——弗朗索瓦·萨冈逛街的时候一定会与男人一同出门。因为她认为女性朋友推荐衣服的时候，往往没有像男性朋友那样能够尖锐地指出，什么是适合你和不适合你的款式。当你穿着男人不太喜欢的衣服站在他们面前时，所获得的好感度当然就会低，并且当你意识到这一状况的瞬间，你的自信心就会萎缩，并且反映到姿态上，这样一来你就会更不漂亮了。所以当你要挑选合适的约会装扮的时候，要懂得选择即使不能获得女性朋友的热烈支持，但男性朋友一定会喜欢的风格。

布鲁尼喜欢的设计品牌

克里斯汀·迪奥（Christian Dior）： 这是法国时装设计代表迪奥创造的品牌，布鲁尼曾经是这个品牌的专属模特儿。Christian Dior在1947年以"new look"为系列成功推出第一款之后，还呈现出了季节郁金香系列、H形系列、A形系列等古典与优雅并重的款式。迪奥的女式包、灰色铅笔裙正装、紫色长外套等都是布鲁尼所喜欢的。

百达·翡丽（Patek Philippe）： 因为卡拉·布鲁尼送给丈夫萨科齐一块这个品牌的手表而名声大振。这个品牌的手表有着170年的传统，平均3~8年才能手工完成一块精密的手表，在瑞士占据着最高的地位。它以安装了时针和分针分离的稳定器为主体，而且使用了瑞士日内瓦州认定的附属品，所以备受信赖。

普拉达（Prada）： 意大利设计师普拉达创造出来的时装品牌。他不仅做出了尼龙材质的实用性手袋，还推出了很多高贵并富有神秘感的款式，获得了想要表现出知性又独具品位的时装爱好者的狂热追捧。而布鲁尼非常喜欢穿普拉达简约的晚礼服。

伊夫·圣罗朗（Yves saint Laurent）： 在艺术领域有深度造诣的法国时装设计师伊夫·圣罗朗，在1962年高级时装（Haute Couture）中首次呈现作品的品牌。20世纪60年代主要呈现出了波普艺术时装，将时装和美术完美融合。20世纪70年代中期，重新回到高级时装界，推出了成衣系列，还找来了著名的GUCCI设计师汤姆·福特扩大品牌的名声。布鲁尼经常穿着似乎只用手和剪子完成的高级时装款式，渗透着伊夫·圣罗朗有创造性的精神。

RESTAURANTS

7

6

5
4

3

2

1

0

-1

LA TERRASSE

LAFAYETTE CAFÉ

LE CAFÉ SUISSE

MAXIM'S
RESTAURANT - SALON DE THÉ
Restaurant - tea room

需要一位白马王子吗?

成为Fake style的天才吧

BAD GIRL
魔咒魔咒

不要傻傻地等待幸运女神的降临，如果你想要骑着白马的王子，即使采取绊倒白马这样不太光明正大的方法，也要让王子站到你面前。而在这样的状况发生之前，首先需要掌握包装自己的技能，才不至于白白丢掉机会！

在快餐店买汉堡的时候，狐狸们也会迅速辨别排到哪一个队速度更快。当一般人站在速度不够快的队列的时候，最多只会嘟囔一句"真倒霉"。但是聪明的狐狸不一样，她们在排队之前3秒钟内就会先观察队列的情况。

因为几个朋友是一伙的，点餐速度会快一些的人，似乎要打包走的人，已经从钱包拿出钱的人……她们会用最快的速度看清前面队列的状况，然后移动到速度比较快的一列。我们要成为的狐狸，就是如此眼快、运气好的人。所以，无论是什么时候，她们不会期待幸运自动找上门，而是懂得调整自己，移动自己。

"长得这么漂亮怎么会没有男朋友？说谎。是藏在哪里了吧？或者是标准太高！"如果你经常听周围人这么说你，如果在365天中300天你过的是单身生活，你一定是缺少"狐狸的伎俩"。

如果你还没有男朋友，
首先要消除"不够狐狸的气场"，
请掌握男人不知道的FAKE造型吧。

　　当男人经历一两次因为你不够狐狸的灵气而犯下的错误时，也许他会认为这是可爱的。但是当错误不断的时候，你会很明显地感觉到与他的联系越来越少了。你的股票是升是跌，全在于你的fake技术有多高超。现在对这种包装技术不屑一顾的人们，再过三年一定会后悔当初没有更多地细听狐狸的包装技术。

　　因为"缺乏狐狸的灵气"，容易犯的错误有以下几种。

　　1. 一旦出现心仪的男人，就会做出将你的内心表露无遗的行为，让他一眼就知道你早已100%被他迷住！例如，每周末都会带便当给他的行为。

　　诊断：做出这样的行为，是因为她忽视了男人恶狼般的心理导致的。要知道男人往往对自己100%投入的女人，很快就失去兴趣。这证明你绝对缺乏隐藏内心的fake行为战略。

　　处方：首先告知你心仪的男人你的存在，然后逃得远远的，让他主动对你产生兴趣，来追你。打电话过来的时候，其中50%你都不要接。或者星期天下午不要单独约会，可以和他的同班男同学一起去玩尾波板。当他听到没有自己的星期天下午，你依然能玩得开心的消息后，他会为了将你征服到手而坐立不安。

　　2. 你喜欢穿让身体舒服的衣服。如，棉料的连衣裙和短裤，以及跑100米比赛也没有问题的平底鞋。

　　诊断：穿着棉料的连衣裙，身体每动一次，腹部凸显出来的肉肉，和如飞机场般平的胸部线条，无论是如何擦亮眼睛，也不会找到一处可以让男人对你注目3秒钟的部位。

　　处方：应该避免过分自然的造型。你需要的是紧身的衣服，以及让人无法估量你实际胸部大小的加垫内衣，和添加了神秘的药草成分并能发挥其神奇功效的隆胸霜，穿上比实际显瘦3kg的雪纺连衣裙，再搭配上基本款式的高跟鞋。（应尽量避免楔形高跟鞋和超高跟的鞋。只要不是太夸张的款式，男人基本分辨不出是9cm还是3cm的高跟鞋，甚至不知道穿着这个高跟鞋的时候会有多大的身材差异。他们更不会知道只有穿了7cm以上的高跟鞋的时候，腰才会挺直，变得更加苗条的事实。）

3."今天好性感哦！我们是不是该去酒吧呢？"你经常从女性朋友口中听到类似的话，而且你认为这样的造型在与男友约会的时候也会有好的效果。

诊断：当在女人的眼中你是"性感"的时候，那么很大程度上你的确是人气高的潮流人士。也许你化了烟熏妆，涂了黑色指甲油或珠光闪闪的金色指甲油，穿了皮质的紧身裤，低领露出的锁骨处还刺了蝴蝶的刺青。或是与之相差不多的造型水平。

处方：如果你们交往还没有多长时间，或者这是第一次约会，请一定要避免"唯我独尊般的造型"。化他们喜欢的粉色调妆容，再搭配上有蕾丝装饰的性感造型为好。干脆在衣橱准备好约会用的造型款式也不错。你别忘了，往往是趾高气扬地主张"我要找喜欢我原原本本的模样的那个人"的职场女性，恰恰就是都三十多岁了，还没有男朋友的女性。其实不妨先与他亲近，再慢慢表露自己的本色也不迟，不是吗？

男人仍然蒙在鼓里的fake造型技术

1 "应该不是假的吧？"怀有这种傻乎乎的想法，看着你加垫后的美胸
2 隐藏在牛仔裤裤脚里的高跟鞋
3 平时要"挺直腰板地坐着"来隐藏腹部的赘肉
4 每天饿着肚子，省下来的午饭钱去美容院做保养。由此得到"竟然什么都没有做，皮肤还这么通透"的称赞，让男朋友蒙在鼓里的素颜技术
5 黑色款式更显身段苗条
6 用造型卷卷了近3个小时，再用梳子梳开打造出来的发型才自然。跟他说这是你睡觉醒来的自然造型，他也会相信

Fake造型必需品一览表

1 一直带在包里的万能遮瑕膏
2 一年四季都要带在身边的加强曲线美的胸垫
3 使睫毛浓密纤长的睫毛膏
4 富有弹性的提臀紧身内裤
5 跟又细又长的高跟鞋
6 使颈部显长的船形领条纹衬衫

美术馆是寻找时尚style的
灵感天堂

BAD GIRL

魔咒魔咒

> 不仅仅艺术家需要灵感，即使是挂着同样款式的衣橱，如果你有高水平的文化，就一定能发现在衣橱的某个角落闪闪发光的宝石。

　　作为时装杂志编辑，要比邻居见面次数还多的人就是马克·雅各布斯。当然虽然没有与他本人实际见过面，但是通过各种报道，经常能知道他最近在做什么，推出了哪些款式的衣服，在哪里度假，与谁在热恋中等等的消息。

　　他在纽约创立了自己的品牌"马克·雅各布斯"和"马克 by 马克·雅各布斯"，而且还是巴黎著名品牌"路易威登"的首席设计师。如果你想了解当下的时装潮流，那么他绝对是不能忽略的人物。由此我开始撰写有关他的文章，在此过程中了解到，据说他的作品——衣服的创作灵感，大部分都是通过旅行和参观美术馆而获得的。

　　因为他负责多个品牌，所以时间总是不够富裕，但是一旦结束了作品设计，就会进行一次短时间的旅行，去看纽约的莫马画廊、伦敦的泰特现代美术馆等美术馆或博物馆。他曾经说过，自己一直因为

马克·雅各布斯通过旅行和参观美术馆获得灵感。靠近艺术作品一步，你的造型水准也就有可能提高一个层次。

服装商业性的限制而苦恼，所以去接触纯粹的美术作品，并从中获得灵感来创造作品是出于一种憧憬的心理。也许带着这种心理出发的假期并非真正意义上的假期，但这正是让马克·雅各布斯成为天才设计师的原动力。他将很多古典美术作品中的艺术气息融入到了衣服和饰品中，最近越来越频繁地与同时代的著名艺术家合作也是出自这个理由。他之所以能将史蒂芬·斯特劳斯的涂鸦印在路易威登的包上，或者与村上隆等艺术家合作推出路易威登色彩斑斓的LOGO和樱桃包的原因，正是他通过旅行和参观美术馆拓宽了对艺术的见闻。在一次赴日本的旅行中，马克·雅各布斯参观了当地的一个展示会，其间认识了东京的艺术家代表草间弥生女士，深受影响，2008年马克·雅各布斯的作品中就出现了草间弥生的经典元素——印有圆点印花的时装。你也不妨实践一下"出去旅行，只要有机会就去看话剧表演，参观著名博物馆和美术馆"的马克式生活方式吧。

美术馆和博物馆并非只为历史学家及美术学徒而存在的地方，所以可以当其为约会场所，或者可以成为一个人冷静头脑时去的场所。

就像你不停地听AFKN，英语会话就会自然而然地烙印在大脑中，多发几次手机短信之后，连闭上眼睛也能迅速发短信一样，当你与艺术空间变得亲近之后，你的眼睛、头脑，还有心，就像甘醇的葡萄酒一样，达到一种有价值的底蕴。

如果你想成为潮流人士，就一定要去美术馆！

Manhattan is Modern Again

世界各国的美术馆给你的灵感充电

三星美术馆（Leeum museum: in Seoul）： 以白南隼的录像艺术为首，聚集了世界级艺术家的作品，还有朝鲜时代的陶器，展示种类非常多样。放了巨大的蜘蛛展示物品的野外空间，还能给你传递春游的氛围，用来度过闲暇时间可谓一石二鸟。美术馆的某些角落灯光比较昏暗，带恋人过来给她一次亲吻袭击也不错。

位置：黎泰院汉江镇站附近，第一企划对面的胡同里，每星期一休馆

咨询：2014-6900 www.leeum.org

莫马画廊（MoMA: in New York）： 位居皇后区和曼哈顿两地的莫马画廊是极富个性的展示空间，汇集了多种现代美术作品。有安迪·沃霍尔等波普艺术家们的作品，有关联装饰和贝特曼斯等的展示品，还有色彩感强烈的基本展示和个性的照片展示。就连那里的销售设计产品和书籍的纪念品小店也有画廊般的感觉。

位置：81spring st. 咨询：212-708-9400

www.moma.org

设计节画廊（Design festa gallery: in Tokyo）： 如果你想参观地下文化式的艺术作品，一定不能错过这里。这里就像改造过的学校，分为几个房间，每个建筑都展示了不同艺术家的作品。只要出一定金额的钱，谁都可以在这里展示自己的作品，所以这里最大的特点是，可以看到很多新兴艺术家新作品。

位置：原宿 猫街附近 咨询：www.designfesta.com

森艺术中心（Mori art center：in Tokyo）：位居六本木丘陵站附近的东京meet-town内。在这里可以欣赏到东京最受好评的现代美术展示品。这里有以圆点闻名的艺术家草间弥生的作品，有实验性质的高端时装杂志《装苑》的照片展示等等，充满了感性又引人注目的作品。

位置：丘陵站附近MEET大厦5层

咨询：03-5777-8600 www.moriartscenter.org

东京it（Toyko it：in Paris）：这既是综合的文化空间，又是展示空间。这里的书店摆放了从世界各地引进的最新杂志和设计方面的书籍，还有极富个性的餐厅。这里还是举行巴黎年轻设计师的时装展示的地方，所以年轻又富有灵感的人们川流不息，在这里你仅仅看路人的时装也会非常有趣。

位置：lena站周边 咨询：01-47-20-00-29

蓬皮杜中心（Centre Pompidou：in Paris）：这是巴黎代表性的现代美术馆。这里汇集了超现实主义、波普艺术、立体艺术等多领域的作品。特别是美术馆的外观和装修本身就是艺术的集合体，因此专门过来参观建筑物的人也不少。屋顶的餐厅gorge是时尚人士喜爱的场所，所以在那里慢慢品味一杯茶，看看巴黎会穿衣服的人们也是一种有趣的体验。

位置：rambuteau 站附近 咨询：01-44-78-12-33 www.cnac-gp.fr

BAD GIRL

有质感的包，

就能让你在同学会上脱颖而出

BAD GIRL
魔咒魔咒

购买包包的时候需要有前瞻性的眼光。不要急于拿起眼前中意的款式，而是要考虑到再过10年是否也能使用的问题，然后再去选择。有了它，当你接到同学会或各种聚会的邀请函时，也不会为"该拿什么包"而愁眉苦脸，而是愉快地在日历上画上一个圈。

说实话，我不愿意向刚上大学的孩子们说"请一定要贪恋名牌包"。曾经是"大酱男"（译者注：不依靠自己的能力，凭借他人的力量想要满足自己对名牌欲望的人）的英国青年尼尔·伯尔曼写的《我为什么烧掉了路易威登》（Bonfire of the brands：how I learnt to live without labels）（书中他向往着没有名牌的无品牌世界）成为热议的话题，这本书以相反的思路告诉你，只有根据经济状况、资产、能力、机会成本进行不同的选择，其品牌才得以发光的道理。

但是，如果你一味地在你零用钱的范围内，只购买勉勉强强的东西，你就会习惯只懂得享受平凡的款式。所以，与其购买中低价的、过了一季就会过时的包，还不如把那些钱攒起来，购买永远不过时的高价包。

根据最近英国的某一调查问卷机关的调查结果，一个女人在一生中平均要消耗111个包，而一生中的76天是为了选择包而度过的。具有代表性的理由有"需要搭配衣服""因为不便宜买的包，不忍心扔掉，所以保存到现在"等。

从古至今有很多女人都对手提包表现出很强的占有欲，代表人物就是好莱坞明星西耶娜·米勒。像她那样拥有不计其数的包，但有的却无用武之地的行为就叫做"西耶娜·米勒综合征"。所以的确有必要考虑一下，如何才能不患上这种无法根治的恐怖的综合征，并且找到有计划地购买手提包的购物方法。

实际上，大学初年级的时候需要名品包的必要性不足10%。作为日常携带的包，可能很多学生都用无比结实的尼龙素材的力士保（LeSportsac）手袋，或者到毕业为止肩膀带都不会掉落的双肩包。

但是偶尔出席联谊场合，或者随着年级的升高，要出席妈妈的朋友介绍的相亲场合的时候，就会开始想着"我有什么包"，从此就会急忙收起满是学生气的尼龙包，决心购买更加女性的包。然而她们又会因为"还是大学生""兼职挣来的钱还有很多其他的用处"等现实的想法，购买勉勉强强能拿得出手的性价比比较高的手提包。并且她们还会安慰自己说"平时拿的尼龙包根本无法和这个皮包相比，这可是不错的皮包"，并拿着这个包出席相亲场所。一直以来只拿过尼龙包的妹妹，突然有一天拿了皮包，就会认为"这个包真不错"，然后在很长一段时间之内都会将那个包视为珍宝。无论是听课的时候，还是去咖啡馆，一定不会将它放在椅子或地上，她会小心翼翼地将它放在膝盖上。

参加同学会的时候，能让我光彩夺目的it包们

Chanel 2.55 复古包： 名人也会首选的it 包中总也少不了香奈儿2.55。香奈儿以特有的绗缝和链带装饰为特征，每年都采用不同的装饰素材翻陈出新，如复古的皮质、珠光、粗呢、修整过的毛皮等。

Fendi面包包： 这是芬迪象征性手提包，其特征为扁状设计，方便夹在侧腰。是索菲亚·罗兰、麦当娜、莎朗·斯通、伊丽莎白·赫利等明星喜欢的款式，又是《欲望都市》中卡丽爱用的包包，1999年持续卖断货的款式。

Louis Vuitton 字母组合阿尔玛手提包： 如果说speedy包是大众款，那么LV MONOGRAM ALMA就是路易威登标志性的手提包。还推出了色彩鲜艳的漆皮系列，如果你需要一个非正式和正式场合都适合的手提包，路易威登的MONOGRAM包一定是最好的选择。

YSL 缪斯2包： 是古典的四角形状的款式，时尚人士都非常喜欢的包。有黑色和银色两款，但它的设计适合成熟的职场女性使用，而不是初出茅庐的社会小女生。一旦购买能用10年的概率为100%。

Hermes（爱马仕）Birkin包： Birkin包是职场女性憧憬的对象，还是凯特·莫斯最喜爱的衣橱中的宝贝之一。高雅精致的感觉与其他名品包是完全不同档次的物品，而且适合各个年龄层的女性，所以一旦购买就能用很长时间，非常实用。Birkin包不会更新太快，会沿用标准的设计，不太敏感于流行，因此更加经典。

就这样过了几个月，不知从何时起，这个中间价位的皮包似乎也没有那么宝贝了，甚至觉得它与尼龙包或者每天都能煮着吃的拉面那样平凡。或者你可能会觉得除了现在有的黑色皮包以外，还想要一个棕色的皮包，这样搭配衣服也许会更便利。所以你会再次左顾右盼，但最终考虑到自己的资产规模，还是购买了一个中规中矩的棕色皮包。

购物的欲望就是这样，一旦开始膨胀，就会产生弹性，膨胀到气球那么大也只是时间的问题。所以，第一次买1000元的包时，你会考虑千百遍，但是当你第二次购买1000元的包时，你就会毫不犹豫了。而当你重复了几次这种过程之后，你的房间里就会积攒很多款式差不多的中间价位的包。大概在大学三年级的时候，就会上演这样的以购物为主题的电视剧。这样的过程就是通往"西耶娜·米勒综合征"的捷径。

10年前笔者也有过类似的经历，当时购买的包包已然占据着衣橱的一角，成为了碍事的家伙。想扔掉觉得太可惜；想要拿出来用，适合的场合又少，而且没有可以搭配的衣服；想要摆到跳蚤市场或捐到慈善机构，这些包包的款式又都与潮流相去甚远而羞于拿出手。当时攒了一个月的兼职工资，经过深思熟虑才选择的包，过了几年之后竟然成了碍事的家伙，不，是被分类为需要搭上处理费的垃圾了，真是悲哀。

随着像高街品牌"ZARA"或者"H&M"，这种低价位、出新品速度快、回转率快的品牌越来越受欢迎，购买低价包的女性也变得多了。即便听了前面的故事，如果你还执意"我用一季就扔掉，下一季再买新的"，那么不仅因为过度的垃圾产出导致环境污染，还会使你自己成为没有自觉性的消费者。

如果你不想重蹈我的覆辙，当你迎接20岁的时候，你就需要一个新的购买包包的计划。好，现在让我们来看看哪些是值得我们记下来的小提示。

你需要一个出席同学会时要用的一次性名品包吗

整个大学四年，无论有多努力做兼职都无法购买一个名牌包，是吗？不要灰心，我告诉你一个好办法，让你用低廉的价格也能获得一个名牌包，让你参加同学会的时候脱颖而出。一般来讲，一年也就有1~2次的同学会，所以租赁一个名牌包也不失为一个好办法。只要节省一个月泡酒吧的钱，就能让自己挎上一个名牌包，过上时尚的一天。

Speed box: 位居狎鸥亭洞的名品租赁店，还可以为工作繁忙的人送货上门。第一天的租赁费用为包包原价的2%，根据使用的天数每天增加2%。而且店内每个月都会更新款式，如果想要最新潮的名牌包，这里一定能满足你。

咨询：02-542-2482

Style care: 这里有着多种多样的名牌包，甚至还有不同品牌的限量版。在这里你几乎能找到所有的品牌，像香奈儿2.55等人气款，如果不事先预约，很难在你需要的时候用得上，因此需要提前预约好。租赁费用一般为4夜5天100~1000元左右。

咨询：www.stylecare.co.kr

Njoylux: 这是会员制的名品租赁店，除了包还能租赁衣服。一般加入成为会员之后要交500元，成为老会员之后，1年中有30天可在自己需要的日子使用想要的产品。这里有很多路易威登、爱特罗、克里斯汀·迪奥等适合于任何场合的款式。

咨询：www.njoylux.com

黑色皮质的包可以全天候使用才是最好的日常包。皮质非常的结实，而且不用经常清洗也不会显脏的黑色，这两者结合在一起就具备了包包可以长久使用的条件了。加上如果设计简单，是经典的款式，而且与鲜艳或多种款式的衣服都能很好地搭配起来的话，实用度就更大了。

要么是大包，要么是手包，中号包是毫无用处的。化妆包、笔记本、携带式蒸汽卷发棒……无论有多精简的出行，女人携带的物品绝对可以与要登山的男人所准备的物品相提并论。由此得出的结论是，小包是无用之物。比起只能勉强放进化妆包和手机的手提袋，不如购买大尺寸的单肩包。其次要准备的就是去酒吧和同学会的时候用得上的手包。购买手包的时候要考虑化妆品的大小，选择适合的尺寸才可以。

购买名牌包的时候，四季都能用为好。每季GUCCI、PRADA等知名品牌都会推出有季节性的包包，而这些具有独特风格的包，是为已经具备了经典款式的包，或每个季节都会购买一个包的人们为对象而制作的款式。而对于首次购买名牌包的人来讲，这些季节性强的包性价比就不会很高。和多种衣服和风格相搭配的基本款包包才适合第一次购买名牌包的人们。

TSUMORI CHISA

88FG365
KIRT
06)YE

02

656,000

TC08FSYE2T88FG365

JAIN by JAIN SO

accessories such as wristwatch
velry might be caught in
uct due to the material.
cter of the material.
erefore your careful att
required.

JGMU0400   SO SARI   573
JAQ TRY VNECK DRE

0 90655 68457 5
P

CHOOSE
JUICY

JUICY COUTURE

Love
G&P

JUICY COUTURE

MANOUSH

JILLSTUART

JILL
by JILLSTUART

马丁·马吉拉（Martin Margiela），
周仰杰（Jimmy Choo）……
向前辈们的品牌偷师吧

O'2nd

MUVEIL

RIEN NE VOUS PARE MIEUX
QUE VOTRE BEAUTE.

VOUS AVEZ RENDEZ-VOUS AVEC LE BONHEUR

LE BONHEUR EN BEZOIR

JIMMY CHOO

BAD GIRL
魔咒魔咒

不要与同龄朋友谈论时尚造型。要想提高你的装扮水平，最
应该与时尚圈中的前辈谈论关于造型、品牌的话题。

　　那是第一次独自去巴黎旅行的时候，每天按照旅行书中介绍的内
容，探索着巴黎的每条街道。发现被称为时装都市的巴黎，每个胡同
都有很多小商店，比想象中要多得多。所以旅行的主要内容很自然地

就成了逛街，一天中有1/3的时间花在了购物上。

圣日耳曼（Saint-Germain）和圣马登白（Saint-Martin）的街头，还有码黑区，逛遍了所有的商店。虽然9月中旬巴黎早已结束大规模的打折期限，却依然能看见有"SALE"标示的商店，"Antoine et Lili"就是其中之一。这里大部分都是第一次听说的品牌，而且打折后的价格也是10万~20万颇贵的商品。

"有必要花这么多的钱，购买不知名的品牌的衣服吗？"出自这种考虑，我放下了犹豫半天的衣服走出了那家店。而后在周边逛了逛，又是被打折标签所吸引，进入了一家卖鞋的店。在墙壁上的3层楉板上，陈列了不同的品牌、不同设计感的皮鞋。"这里是销售各种品牌的综合商店吗？还是甩卖处理的地方？（敲打了一下计算器）20万左右？可是这个品牌的名字是——不认识……"样式和颜色虽然很好，但是花20万元的巨资买一双不知名的皮鞋似乎还是有些不忍心。所以，又将试穿过的皮鞋悄悄地放回到楉板上，走出了商店。

现在重新翻阅购物笔记本，能知道无知在任何时候都毫无帮助。在没有著名品牌和时装设计情报的当时，我认为在巴黎商店遇见的那些商品都是普普通通的东西。但是最近重新想想当时与我擦肩而过的那些商品，其实每一件都是著名设计师的产品！"Antoine et Lili"是巴黎著名的个性设计师的品牌，在皮鞋商店遇见的是周仰杰、马丁·马吉拉等著名设计师设计的皮鞋。

在朋友圈中，我自认为还是比较了解品牌的，但是也许我的情报量也只有那些，竟然错过了能廉价购买到著名品牌商品的大好机会。从那以后，我深深地意识到，要想获得好的东西和款式，一定要通吃那些高手才懂的关于设计师和时装品牌的基本情报。

"香奈儿2.55出了一款有光泽感的复古系列的新款，你看过GUCCI的贴花装饰的波士顿包吗？"我并不是要求你成为通吃这些名牌情报的"大酱女"。不过如果你了解一些最近走红的品牌名称和设计师，还有时装界的潮流倾向的话，你就不会失去低价购买到好东西的机会，看《欲望都市》中的凯利遇见强盗的时候指着芬迪面包包说"这只是普通的面包包"的时候，也许你会会心一笑。

　　不要认为经济常识或政治见解才是你必须要知道的，关于时装的常识也是能充分滋润生活的。它会帮助你不失良机、精明购物，也能成为与朋友聊天时不会失落的能量之源，甚至还能从时装领域获得灵感应用到其他领域。懂得越多，机会就会越多，这个道理同样适用于购物和造型领域。

　　要掌握时装品牌情报的另外一个理由是，你能以同样的价格购买到更好的产品。很多人对名牌都有一种先入为主的观念，认为名牌衣服一定是天价，出于这样的恐惧，他们只喜欢选择国内的高端品牌。但是当你知道"系统"毛织外套比"吉尔斯图亚特"的毛织外套更昂贵的时候，除非你是本地品牌的热心拥护者，不然就不会因为价格只局限于购买国内品牌了。要想比同班同学更时尚，就不要和她们一起玩。即，要想花同样的钱，获得更高的效用性，就要努力获取关于品牌的情报和关于设计师的基本常识。并且你要收集前辈们爱好的品牌和款式的情报，因为他们比同龄的朋友购物经验更多。这才是最短时间内提升你造型感的简单方法。

设计师的名言成为了永恒的真理

女人要想变得美丽，需要一件黑色的毛衣、一条黑色的裙子，身边还要有一位爱你的男人，这就是全部。

——伊夫·圣罗朗

时装会消失，但风格永存。褴褛的风格胜过没有风格。穿一条新的裙子，也不会变得优雅。时装存在于天空，也存在于街头。时装是人类的观念，也是正在进行中的世间事。

——可可·香奈儿

流行是不断变化的，衣服是流行的一部分而已。衣服要反映流行的瞬间，过快和过慢都没有用。

——卡尔·拉格菲尔德

我从很久之前就相信外貌和内心的相互关系。外貌显得美丽的时候，心情也会更加愉快。

——吉儿·珊德

即使穿着与凯特·莫斯相同的衣服，你也不能成为凯特·莫斯。当然也许会受到一些影响，但是在此之前首先要回头看看自己，了解自己到底适合哪一种。

——维维安·韦斯特伍德

女性显得性感并不在于穿了什么鞋，而是在于显现出何种姿势。

——马克·雅各布斯

很多人认为只要购买高价衣服，或者花更多的钱就能变得时尚，但我不这么认为。在救济品商店购买衣服也能变得时尚，购买优秀设计师的衣服也能变得时尚。或者即使穿着知名设计师的衣服，如果穿衣服的方法或穿衣服的人的态度和说话方式不对，也会毫无时尚感可言。所以，这些绝对不仅仅只是衣服的问题。

——保罗·史密斯

好莱坞明星喜欢的设计师

马丁·马吉拉（Martin Margiela）：他是比利时时装设计师，他用复古皮手套做过背心，用编织的袜子做过毛衣，用摩托车安全帽做过手提包，他喜欢重组旧物做出衣服和小饰品。他被称为随着环境运动推动潮流发展的时代性设计师。

周仰杰（Jimmy Choo）：他是在马来西亚出生的皮鞋设计师。他是戴安娜王妃的专门设计师，也与莫罗·伯拉尼克一同通过《欲望都市》走红，人气颇高。他是性感风格的掌门人。

马克·雅各布斯（Marc Jacobs）：维多利亚·贝克汉姆、林赛·罗韩等好莱坞中最会穿衣服的名人是他的有力支援团。他既是路易威登的首席设计师，又创立了自己的品牌Marc Jacobs和Marc by Marc Jacobs。娇媚和独特是他的设计特点。

伊夫·圣罗朗（Yves saint Laurent）：他曾经是克里斯汀·迪奥的首席设计师，还有自己的品牌伊夫·圣罗朗。他是将传统女性时装解放的开创者，在20世纪70年代以后还是被称为伸张女权的标志性人物。热爱和理解美术作品的他，以马蒂斯和蒙德里安的艺术作品为基础，推出了很多充满灵感的设计，是高端时装的核心人物。

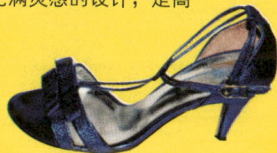

时装爱好者之间人气飙升的设计师

菲利普·林（Phillip Lim）：《VOGUE》主编安娜·温图尔参加了他的SOHO卖场开业派对，从此上了热门话题排行榜。他的作品以节制又优雅的设计为主。这个品牌适合想要穿出时尚感的人们，而不是追求夸张公主风的人们。

塔库恩（Thakoon）：他是在凡尼斯·纽约、哈维·尼科尔斯等百货商店获得瞩目的新兴设计师。虽然他具有波士顿大学经济学博士学位，但他仍然走向了设计的道路，出自他手的款式多具有印花、雪纺等女性柔美的特点，并且曾与HAOGAN和GAP等大众品牌合作。

亚历山大·王（Alexander Wang）：他的设计极简抽象又休闲，在纽约潮流人士中口碑极佳。他的作品大多以紧身裤搭配宽松的T恤衫，诸如此类的设计似乎专门为苗条的人而准备，但也告诉你怎样搭配衣服才能有模特儿般造型。

如何消除"发票上的价格"
和"给妈妈看的价格"之间的差额

　　叮咚，是期待已久的帅哥的短信吗？"这个月信用卡结算金额是12686元。"原来是每个月总会有一次的令人毛骨悚然的短信，每当这个时候还会出现贫血症状的头晕目眩。罪魁祸首就是大学毕业之后进入的第一个职场——时装杂志社。在那里工作6个月之后引发的职业病——这"该死的眼光"。

　　"时装杂志专栏——秋冬一定要购买的101件长款外套""这个月的热门款式简介""好莱坞明星也为之尖叫的高筒靴"……时装杂志的编辑们每个月都会收到，这个月需要完成的写有专栏名称的安排表。收到安排表之后，要制定拍摄方案，还要委托宣传部获得内容设计所需的品牌赞助。在此过程中，录影棚的衣服架上会挂满卖场上还

BAD GIRL
魔咒魔咒

如果不愿意将购物秘密账本藏在梳妆台底下，就要像瞄准超市打折时间的主妇那样去购物。

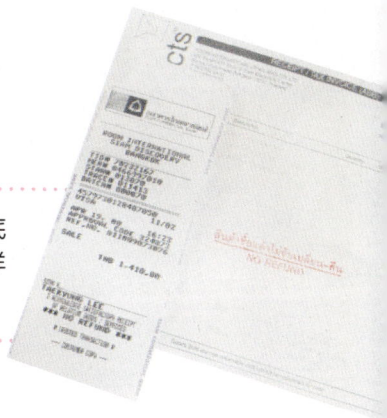

未出现的新产品。然后抚摸衣服架上的新产品，再试穿……在办公室就能做到扫货，原本对时装毫无兴趣的人，在这样的氛围的熏陶下，成为购物狂也只是指日可待的事情了。

"那个商店挂着这次拍摄的时候看中的衣服。要不要进去试穿一下？"

"这一次是与设计师温加罗合作的特别版，买一件是应该的吧？"

"这款竟然是最后一双，我要想尽办法把它供奉在我的鞋柜内。"

结束了一个专栏之后，出门购物的时候，你会发现新品衣服、皮鞋和包包，它们会像魔术师的小孩那样争先恐后地摆出骄傲的姿态，向我招手。就是这样，明明知道自己深陷"购物综合征"，但回过神来又能发现自己早已挎着装了新品的购物袋。而另外一只手攥着刚刚刷完信用卡收到的购物清单。

这样的行为重复多次之后，最大的问题就是，如何在妈妈没有察觉的时候安全地将这些宝贝拿进房间。恐怕没有一个父母看

到自己的孩子成为"月光族",会夸奖他"做得好"吧。由此,我想出的方法就是"发票上的价格"和"给妈妈看的价格"的差异化。

妈妈有高血压、心脏也不好,因此为了不让妈妈受到刺激我开始编出善意的谎言。就这样过了几个月,过了几年,存折金额依然为零反而成了最大的问题。随着接触的潮流款式越来越多,眼光也随着越来越高,想要买的衣服也是有增无减。而且也许是购物综合征作祟,购物的时候胆量也变得越来越大,原来觉得1100元的连衣裙很贵,不敢买,但是买过一两次之后,也就不觉得贵了。

为了改掉购物成瘾的习惯,让自己有些积蓄,我不得不想出这样一个办法——不买正价的名牌衣服。因此,我每个月都会去两次百货商店,在逛街的过程中观察新出的产品,有喜欢的就先记录下来。如果没有打折,我是绝对不会买的。但只要有适当的机会,我就会立刻将喜爱的衣物收入囊中,而所谓"适当的机会"就是在5折特卖的时候。

其实,衣服属于季节性产品,更新速度很快,只要过了几个月新品时期,就会被摆放到打折的区域内。还有每当一个季节快结束的时候,尤其是夏季和冬季,打折力度就会加大。只要你经常去各个百货

商店逛逛并且留意一下店内的宣传单，你就能第一时间掌握自己喜欢的品牌什么时候打折，地点在哪里了。

　　缩小"发票价格"和"妈妈价格"间差异的方法，除了"买打折商品"之外，还有很多其他的方法。比如克制一段时间不购物，攒好钱等出国的时候买那些在国外价格更低的商品；周末在弘益大学和狎鸥亭一带买些便宜但时髦的连衣裙……对于聪明的坏女孩来讲，尽可能地发挥自己外貌的特长并提升自己的时尚感固然重要，但更重要的是要有比会计更精明的计算能力，管理好为造型和外貌投资的机会成本的能力。花同样的钱，能享受到更多的好处也是一种能力。因此缩小"发票价格"和"妈妈价格"差异的能力，也是坏女孩所必要的自我管理能力之一。

购物日1

妈妈： "又买了什么，大包小包那么多？"

我： "经过百货商店，竟然发现这件衣服大打折扣。"

妈妈： "到底花了多少钱？"

我努力不结巴回答道： "嗯，这条连衣裙是275元，打8折，这可是著名的品牌呢。能用这个价格买，真是太幸运了。"

妈妈： "是吗，挺好看的。不过也要节省些，不要太浪费了。"

给妈妈报的丝绸连衣裙的价格：275元 → 实际发票价格：1640元

购物日2

妈妈： "……回来了？"

妈妈还没有问，我就开始不打自招了： "啊，这个……今天发现这个品牌在打折，真的很便宜，所以买来了。"

妈妈： "嗯，是吗？让我看看。"

我： （一边往外拿东西） "这个开衫165元，正装短裤110元，皮鞋220元……"

给妈妈报的价格：开衫165元，裤子110元，皮鞋220元

发票上的价格：开衫330元，裤子220元，皮鞋440元

自行定出50%打折的价格

购物达人教你克服购物陷阱

即使有想要买的东西也要忍住，等去国外出差或旅游的时候，在免税店一次买完就好。我非常喜欢马克·雅各布斯的衣服和饰品，但是如果在国内百货商店按正价购买的话，工资存折就会立刻见底，所以我一般都在乐天百货免税店的马克·雅各布斯卖场购买。如果你也有喜欢的品牌，不如集中攻略一个地方，成为那个地方的VIP顾客。如果你和卖场的经理走得近之后，即使不参与打折活动的新产品，也能按原价7折购买到。

——权佑真（Instyle beauty 编辑）

我会积极关注百货商店化妆品的打折活动，因为我一般都会在用完之前先购买，尤其像化妆水、营养霜、眼霜这样每天的必需品，一旦用完了，即使是正价也是需要购买的。但是如果做好购物清单，在百货商店打折活动期间购买这些必需品，就能节省不少钱。如果一次性购买某个品牌的全套化妆品，你还能获得旅行装或试用装等更丰盛的礼品。这样一来，有时候能买到比在免税店更便宜的好东西。

——李恩珠（大学生，运营网上商店）

外套和夹克这类质感和廓形比较重要的衣服，我建议在百货商店或设计师品牌店购买。如果你在批发市场或小店用低廉的价格购买这类衣服的话，穿一个季度就会变形或者掉色，那么就不得不扔掉了。但是有牌子的衣服就会相对质量好些，可以穿很长时间。而T恤、短裙、印花连衣裙、紧身裤、平底鞋等这些产品则会在批发市场中购买。因为这些产品无论是高价还是低价，差异性并不大。所以我会节省这部分的钱，用于购买外套。虽然最终投入到购物中的费用相差不多，但是该花的时候适当投资，该节省的部分则彻底节省，这就是我的精明购物法则。

——韩末珍（女子大学，二年级）

NOUVELLE
COLLECTION ETE
NON SOLDEE

在你鼓起整形的勇气之前，
更需要面对体重计的勇气

快要交稿的某一天，我们杂志社的一位编辑突然惊叫一声，所有人都转过头去看他。"怎么会相差这么多？整形前和整形后的照片差别怎么可能这么大！完全判若两人啊！"他负责"变身专栏"的板块，主要给读者提供免费的部位整形，当他两手握着某位读者整形前后的照片惊讶不已的时候，大家蜂拥而至，默默地说：是的，整形后简直都认不出来了。

读者们为了变身，申请的整形项目各不相同——脸形矫正、下巴整形、开眼角等等。看着读者整形后变美的照片，编辑们羡慕不已，也纷纷议论着要参加这个活动做整形。

当下人们对待整形的态度就像购物或者按摩一样，认为这是非常普遍的，因为爱美之心人皆有之。看着这些照片，似乎没有一个人在谈论整形的时候需要经历哪些过程，麻醉醒来之后对健康会有哪些影响，整形后是否会有后遗症等问题。就连我看了这些照片也瞬间冲动了一下，但是很快内心又平静下来。因为我对整形手术持有否定想法是有原因的。

其中最大的理由就是，我看到了太多整形失败的案例。有一次约熟悉的明星S一起吃饭，而她出现在我面前时，用刘海遮住了一只眼睛。一问才知道，她最近做了双眼皮手术，可能是手术失误，睡觉的

BAD GIRL

魔咒魔咒

依靠整形获取美貌的习惯其实很危险。如果你不想成为没有表情的人造美女，就请依靠自己的意志管理外貌吧，而不是依靠整形手术。

时候无法正常闭眼睛，这是一件多么郁闷的事情啊！

对于当红明星来说，那些知名的整形机构会争先恐后地给他们提供免费的整形手术，所以一般情况下艺人都会在最好的整形外科接受最好的手术。我原本以为整形失败的概率是一百万分之一，但是见到了两三位明星的失败案例之后，我对于整形的幻想就彻底破灭了。即使你没有见到明星的机会，只要在网上搜索整形失败的明星before和after的照片，你也一定会怀疑整形的安全性和稳定性的。

引起这种现象的原因之一是很多非专业人士在从事整形行业。如果不开口腔科或整形外科就挣不到大钱，在这种诱惑下，很多没有认真学习整形的人也涉足了这个行业，从而导致整形失败率越来越高。因此，现在这个年代，更需要认真考虑是否真的需要做整形手术，不是在万不得已的情况下，还是不做为好。不能把整形当成喝咖啡那样简单。

整形导致毁容的明星列表

帕米拉·安德森：因为往嘴唇注射过多的骨胶原，变为鱼嘴唇。

帕丽斯·希尔顿：由于鼻梁过于尖锐而导致原本清纯的模样全无。

乔治·迈克尔：原本性感的眼睛变得像金鱼眼那样鼓凸。

梅兰尼·格里菲斯：整形中毒颇深，目前是毁容阶段。

这就是最近整形美人的特征。即使平时认为"和别人一样又何妨，只要漂亮就可以"，但是在街头碰见与自己相似的人的时候，这种想法就会变了，可能还瞬间怀疑是否还有同父异母的妹妹。

不做整形的五大理由

选择流行款做整形手术的人长得很相似。不信你可以腾出一天时间，坐在露天的咖啡店，观察来来往往的人们的长相，你会清楚地了解到最近流行的整形公式，并且发现有很多眼睛、鼻梁、下巴线条相同的人，她们虽然漂亮，但总觉得每个人都似曾相识。

有不少因为手术后遗症痛苦的人。如上所述，即便明星们是在最好的整形条件下，接受了最好的手术，也有不少饱受整形后遗症折磨的人。而像电影《美女是孤独的》中的主人公那样，接受全身手术获得完美蜕变之后，能阔步走在大街上的情况，几乎只有一百万分之一的概率。

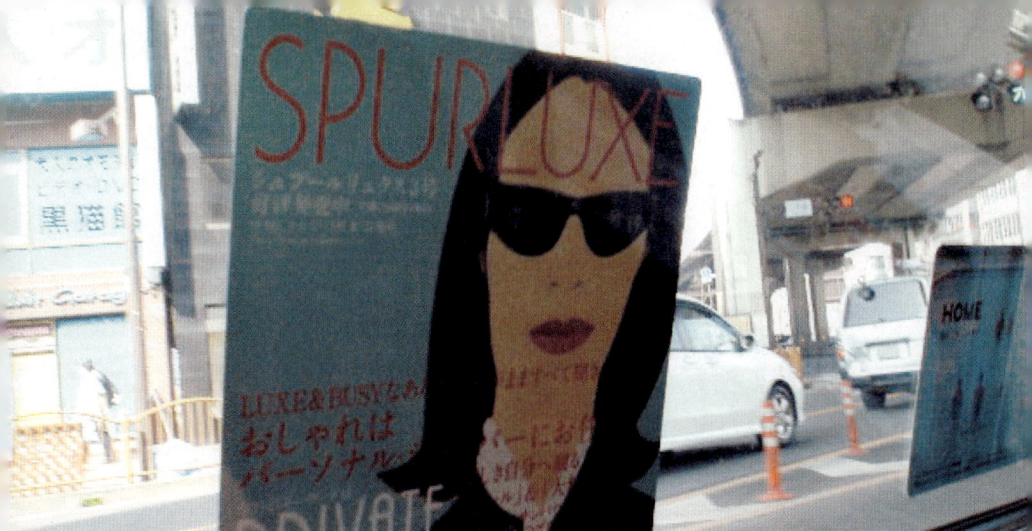

为消除腹部脂肪而注射溶脂针，反弹概率为100%。 前不久听说姐姐因为突然爆肥而去整形医院接受了排毒治疗和注射溶脂针的整形手术。过了两周，她非常兴奋地告诉我，她减了4kg。所以我们为了庆祝，就在姐姐家吃了奶酪蛋糕，喝了一点啤酒和葡萄酒。但是第二天收到姐姐的短信说："昨天和你一起吃完晚饭后，我的体重增加了3kg，呜呜。"可见只要增加一餐的食量，体重就会立刻反弹，这就是整形手术的弊端。

未来的时尚主导者必然是超自然美人。 曾经，双眼皮深受大众喜欢，但是最近却不然，人们认为像Wonder Girls（韩国当红女星组合）中的SOHEE一样，单眼皮的女孩更加妩媚动人，而且她的粉丝也越来越多。只要你时刻充满自信，保持微笑，就会有一张极富个性的脸蛋，那么你一定会比任何做过整形的美人都生动漂亮，更具魅力。

如果没有靓丽的脸蛋，就通过运动塑造身材吧。 在外貌上，与脸蛋同样重要的就是身材。通过抽脂手术或注射溶脂针也许能在短时间内拥有苗条的身材，但这毕竟不是长久之计。

111

在房间做伸展运动也好，去舞蹈班跳舞也好，去健身房跑步也好，或者和大婶们一起在公园里跳集体舞也可以，无论通过什么方式，就是要定好每天做自己喜欢的运动一个小时，让身体high起来。如果你每天通过有氧运动锻炼出完美的身材，至少不会因为自卑而天天宅在家里。

由此看来，我非常支持运动变美的传统方法。比如每天早上跑步到大汗淋漓，或者在小区里散步。这些方法看似简单，但要坚持下来并非易事。每天做适当的有氧运动，不仅可以锻炼身体，还能使皮肤饱满明亮起来，更能消解压力，活跃心情。

而时下排毒成为女性热门的话题之一，这与整形的理念完全相反，是遵循自然的方法排除体内的毒素让你变美的方法，大家不妨试一试。

排毒疗法比整形更可靠

　　排毒疗法是指将我们体内没必要的成分排出体外，使身体恢复健康的方法。明星们纤细的腰，通透的肌肤，其实都是源自认真排毒的结果。原本人体是具备排毒功能的，但经过环境污染和化学物质的摄取，压力和药物服用等，积攒在体内的毒素不断增加，自我解毒的功能无法正常进行。由此，排毒疗法对于活在当下的美人来讲，是不可缺少的美丽保养手段之一。排毒疗法可改善生活饮食，从肠内清扫到断食等，是具有不同强度的排毒方法。

01　　**每天喝水1500ml。**当缺少水分的时候，人体新陈代谢就会降低，毒素就会积攒在体内。但一次性饮水过多会给胃造成负担。

02　　**选择具有排毒功效的食品：西红柿、菠菜、柠檬等。**西红柿含有的柠檬酸成分可以解尼古丁的毒；菠菜可以排出肝脏的毒素，缓解疲劳；而柠檬具有净化身体的作用，这些是具有代表性的排毒食品。如果觉得单独吃这些食物难以下咽，可以在外面吃饭的时候多吃点含有这些食材的菜。

03　　**必要时才做肠道清洁和断食。**虽然服用泻药能排出肠道内积攒的毒素和有害物质，但也会破坏肠道内的菌群均衡，如果不继续服药身体依然还会积攒毒素，形成药物依赖。所以这种方法只有在迫不得已的时候，遵照医生的处方，在维持身体一定均衡的基础上使用。

04　　**一周至少做一次半身浴。**特别是下肢肥胖的情况下，半身浴是排出体内废弃物最有效的方法。吃得太咸、一整天都坐在椅子上，或者经常站着，都会导致身体内循环不畅，造成下肢肥胖。如果能经常做半身浴，不仅可以自然排出体内积攒的废弃物，还有助于体型的塑造。

BAD GIRL

LES 100 MEILLEURS
CLIPS DE HIP-HOP

时尚运动嘉年华
——健身房是游乐场

BAD GIRL
魔咒魔咒

你羡慕国民小妹妹金艳雅吗？那么请你也精通一项运动吧。在运动场上挥洒汗水的你，不仅显得更加专业，而且比电影中的女主角更性感，也比金艳雅更可爱呢！

不知道现在的你是不是这个模样——看着冰箱门上贴着的性感苗条的模特儿照片，暗自发誓"我要变成那个模样"，再狠下决心"不买新衣v，不买新鞋，不做新造型"，而只以"减肥"为目标，穿着宽松的运动裤和充斥着汗臭味的运动鞋，深深地陶醉在运动中，甚至用节食的方法折磨自己的身体。可是你知道吗？减肥的时候，如果你不顾及自己的形象，很容易变得颓废。

试想一下，如果减肥成功之后真的获得了魔鬼身材，但是减肥期间过的却是噩梦般恐怖的生活，那算得上是享受生活地活在当下吗？而且对整个人生毫无意义。对于真正的狐狸来讲，减肥不应该是压力，而是快乐的源泉。如果减肥的同时，还能培养可以作为恋爱必杀技的运动技能的话，岂不是一举两得。

其实，运动的过程就是一种展现自我风格的过程。运动前，准备好漂亮的运动装、化好防晕染的淡妆，那么你会觉得乐趣无穷，而且运动带来的快乐会使你更加富有魅力。怎么样，快来加入聪明的坏女孩的生活方式吧，运动既能消耗热量达到健康减肥的功效，又是一种充满魅力的生活方式，可谓一举两得。

1. 想要运动也做得优雅吗？推荐芭蕾舞减肥课程

随着"运动潮流族"的不断涌现，想通过参加趣味性芭蕾课程以达到减肥目的的人越来越多，针对大众的芭蕾舞训练班也逐渐增加。女孩穿着能展现线条的舞蹈衫，配以芭蕾裙，轻盈挪动舞步的时候的确飘飘欲仙。但是需要注意的是，如果做不对动作，小腿的肌肉线条就会变得不那么美丽。

运动服可以这样准备：初级班穿闪亮的粉色芭蕾舞裙出现在课堂上很容易招惹非议，因为那是高级班的芭蕾舞者才会穿的衣服。所以一开始最好穿伸展性好，到膝盖的短裙，再配以打底裤最为适宜。

减肥成功小tips：芭蕾舞中有很多动作要求脚踝和腰部用力，所以在培养出柔韧性之前，不要做有难度的动作。另外，芭蕾需要很好的平衡感，在寻找平衡感的过程中也是你减肥的好时机。

2. 想要性感柔软的身材吗？推荐热瑜伽减肥课程

在保持一定的温度和湿度的空间里，做几个基本动作的瑜伽课深受想要管理好身材的新潮人士的喜欢。因为不会激烈运动，比较静态化，对于心态的放松十分有效，是狐狸们培养身心的好方法。如果你不急于减肥，只是想优化身体的线条，培养柔软性的话，热瑜伽是不错的选择。

运动服要这样准备：做瑜伽时，有三面镜子能观察到自己的姿势和身体在运动中的变化，所以要自信地展现身体的线条。选择瑜伽服时，弹性好的无袖紧身衣和七分裤较为合适。阿迪达斯、耐克等运动品牌的瑜伽服是带有胸垫的，因此不穿内衣也可以。

减肥成功tips：热瑜伽班会让人联想到蒸汽房。在那样的环境中做一个小时或一个半小时的运动之后，会明显感觉到口渴，食欲也会急剧增加。所以训练结束之后，你要克制住自己的食欲，只要能做到这一点，就大获成功了！另外，运动结束后最好过一个小时再喝水。

3. 期待遇见帅男吗？推荐山地自行车&徒步旅行

喜欢骑山地自行车的男性一致认为这对于女性而言是很有挑战的运动。但是如果有魅力的坏女孩想拥有更多的机会接近帅哥或者潮流人士的话，那么不妨挑战一下骑山地自行车或者徒步旅行这样的运动。

运动服可以这样准备： 运动装固然是必要的，但是骑山地自行车还需要准备各种装备才可以。所以只凭想象盲目地开始这项运动是不可能的事情，而且越是初学者越不能自己去购买这些运动装备。你可以在参加兴趣班之后，邀请前辈们帮你一起购买装备。这不仅会让你购买到适当价格和功能的装备，还能借此培养与志同道合的朋友们之间的感情。

减肥成功tips： 一个小女子骑着山地车跑在艰险的路上，这本身就是很大的运动量，可能会让你迅速减重，但是如果做得很勉强的话，就容易全身伤痕累累，负伤的危险度也极高，所以要量力而行。不过可以告诉你一个恋爱成功的小法宝——无论你的个性有多独立，也一定不要噌噌地拿起重重的装备就走，路上也不要逞强让自己解决一切问题。要懂得偶尔表现出力不从心的样子，并向你感兴趣的男生寻求帮助。同时为了不给别人留下"麻烦女孩"的印象，在下次聚会的时候，至少要为同行的朋友们准备些小零食。

你好奇她的唇彩颜色吗？
请大胆问她吧

BAD GIRL

魔咒魔咒

有勇气的男人能得到美人，有勇气的女人
能得到Best style。
不要犹豫，请大胆抄袭她的style。

有一次旅途中，我漫步在纽约的街头，看见一位时髦到细节的女人（从她的装扮上来看，可以判断出她是时装界的从业者或者是非常时髦的职业女性）。她在上公车的瞬间看了我一眼，然后立刻从公车上下来大步向我走来。这突如其来的状况让我非常惊讶。她指着我的粉色和亮绿色拼接的复古皮鞋，说道："这个鞋真漂亮！去哪里才能买到呢？可以告诉我品牌的名字吗？"她用清清楚楚的语调和不讨人厌的表情向我询问鞋子的信息，让我对她印象深刻。

最终她仔细问好鞋子的品牌、销售场所、价格，然后向我说了声谢谢就走了。我认为这样"帅气的女人"是最懂得时尚的！

为了寻找到质量最好、最便宜、最时髦的款式，而不惜奔波的过程当然很有效，但是直接摘得时尚高手积累好的熟练技巧，也不失为一个好办法。

塑造风格的第一个方法就像前面所提到的，当你走在路上遇见时髦的潮流人士的时候，可以鼓起勇气向她询问有关的信息。另外，就是看书、杂志或电视的时候，发现喜欢的款式，可以直接向出版社、杂志社或者电视台的相关负责人询问。"上次节目中李孝利穿过的印花连衣裙是什么品牌的？"对于负责人来讲，这样的电话很麻烦，而且也许会认为打电话过去的人有些神经质。但是只要花费极少的电话费就能获得有关最新产品的信息，比起你一整天累得腰酸腿疼漫无目的地寻找要划算得多。

多1%的勇气，就能获得的时尚情报

01 　著名明星穿过的衣服、饰品的品牌和价位——给电视台或给杂志社打电话询问。

02 　地铁里坐在旁边的她的新潮的皮鞋和手包——只要开口就能问到。

03 　男人喜欢的风格——听听男生的建议，或者看《时尚先生》等男性时尚杂志，了解男人内心真实的想法。

04 　在酒吧受瞩目的造型——即使你现在穿得比较土，也一定要去一次酒吧。比起翻杂志或向人求助，自己身临其境才会更充分地吸取时髦的经验。

有了这些靠勇气得来的情报之后，要想成为自信、帅气的坏女孩，还需要勤奋这个武器。即使有再好的情报、再贵的产品，如果你不够勤奋，还是不能内化成自己的秘密武器，只有不断地尝试与实践，美丽与时尚才会真正地属于你。

模特儿写真书
教你引领世界潮流的秘诀

　　日本的顶级模特儿正在热衷于出版自己的造型写真书。书中记录了她们除了杂志和电视节目以外，现实生活中的造型。比如出门逛街或者参加聚会的时候穿的衣服、最喜欢的款式、在哪里接受美容护理，以及吃什么、做什么运动、房间是如何布置的等等，详细地告诉我们很多实质性的造型信息。所以这些书对于提升自己的造型风格是非常有帮助的。

RINKA 黎花的造型写真书

　　她是频繁地出现在日本著名时装杂志封面上的顶级模特儿。在梨花的造型书中，她把自己喜欢的时装款式做了详细的介绍，而且还公开了手提包里的随身小物品、房间的模样，以及她的朋友的时尚造型。如果你想要学习可爱的叠穿搭配技巧的话，不妨看一看。

LENA的造型画报

　　轻盈的卷发、白皙的皮肤，还有嘴角处性感的痣使LENA散发着独特的魅力。LENA演绎出的造型总是能让休闲的装扮中透露出小小的性感。如果你想知道和男友一同旅游时如何将自己打扮得随性又性感的话，是非常有必要参考LENA的造型搭配的。

苍井优的旅行画报集

　　在亚洲有很多粉丝的日本电影演员苍井优，每个季度都会选择一个地区，出一本以旅行为主题的画报集。在她的一本俄罗斯旅行画报集中，苍井优很好地诠释出了波西米亚的风格。在实际生活中只要我们通过简单的模仿，也能打造出不太夸张又很舒服的波西米亚造型。

BAD GIRL

为什么咖啡＝美甲

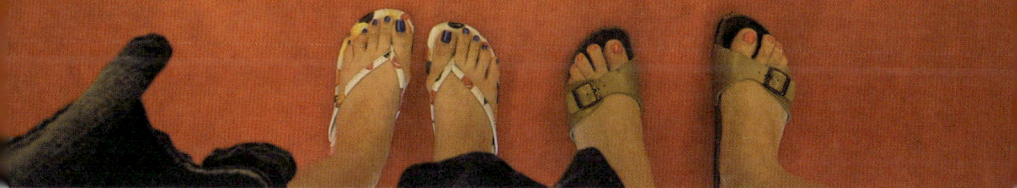

BAD GIRL

魔咒魔咒

请钻研提高自己附加值的方法吧。你是愿意陶醉在香醇的咖啡中，还是整天看着几层轮胎似的小腹赘肉而苦恼，还是要成为连细节都时尚的小狐狸呢？请选择吧！

对于二三十岁单身女性而言，比《数学的艺术》和《基础综合英语》还要重要，并且早已倒背如流还要继续看的电视剧就是《欲望都市》。重温这部时尚美剧之后，你会重新思考，如金子般珍贵的钱到

底该买些什么。

　　嘉利和三个朋友为了晒太阳，穿着超级性感又华丽的比基尼，出现在墨西哥度假村。然而米兰达的比基尼的缝隙中露出了体毛，看到这其他三个人惊叫连连，米兰达尴尬极了，感到无比羞耻，并且说出了最俗的理由："我真没有时间做除毛……"对此萨曼塔开玩笑说："太茂盛了，恐怕男人都找不到路了。难怪总被男人甩。"没错！工作、学习、爱情，还有男人，不会疏忽任何一项的纽约职场女性，怎么可以犯这种低级错误呢！这些问题看似琐碎，但如果能做到完美，就能成为精明俏皮的高手！让我们仔细想一想还有哪些可以"提高附加价值的小细节"吧。

　　但是也不要为了提升自己的外在而多做一份兼职，或者挪用课外辅导班的费用。倒不如节省一些无意义的支出，比如每天无心在喝的咖啡费用、聚餐费用，还有聚餐结束之后的打车费用等等。

节省无意义的支出，就能积攒让自己变美的护理费用

支出项目
- 漂亮的美甲
- 健身房或者热瑜伽班费用
- SPA费用
- 面膜费用
- 体毛管理费用

"有必要做这些小资情调的美容护理吗？我认为舒舒服服地坐出租车，开开心心地和朋友喝酒才是更好的生活。美甲嘛，在家里自己做就好了。"如果你是这么想的，意味着你已经自行选择了当一个活得舒服的平凡女人。但是你知道那些恶狼是怎么想的吗？看着女人修得干干净净的指甲，他们会想："看来这个女人很懂得珍惜自己，而且应该还很勤奋。"知道他们的这些想法，你还会坚持前面的想法吗？其实你只要站在客观的角度想想也会明白这个道理的。请你比较一下，一个小腹有赘肉、素面朝天、不修边幅的女子，和一个戒掉烟和咖啡、皮肤光滑水嫩的、打扮精致的女子，你会更喜欢哪一位呢？如果你没有买房的计划，那么就请大胆地投资到华丽的坏女孩的生活计划中吧。

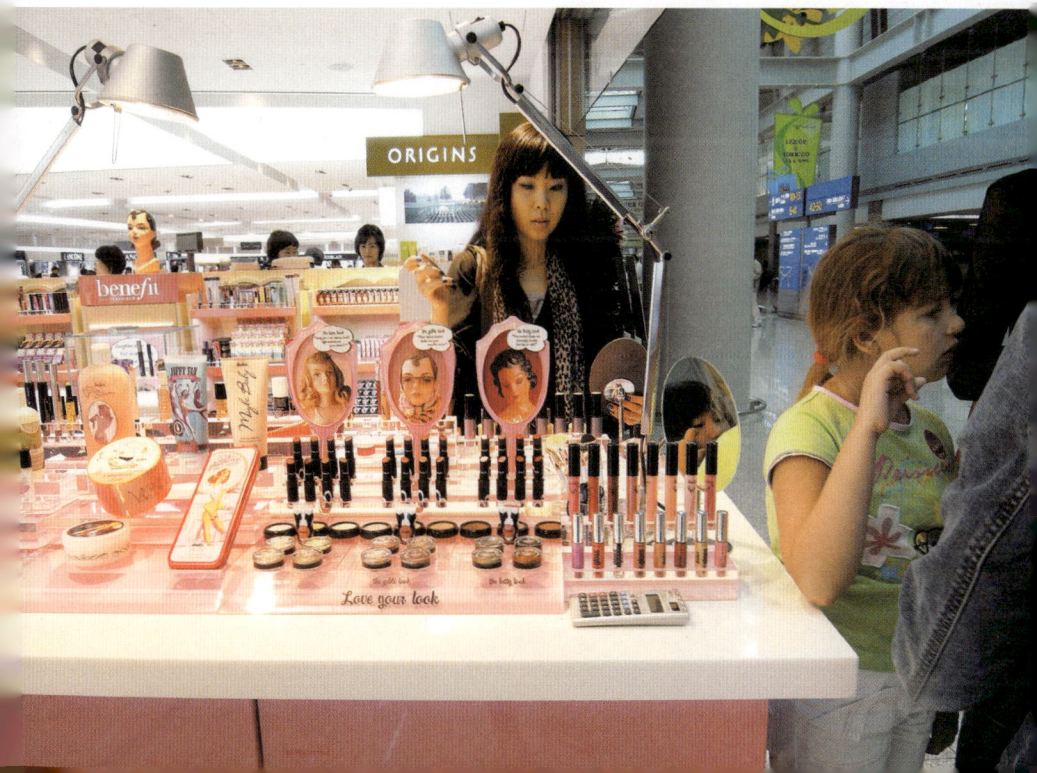

男人也爱细节美

那是跟女友去加勒比海湾度假时的事情了。女友因为我看了一眼热辣的S曲线的女人，便不停责骂我。当时我没有说任何话，但是心里想："喜欢你是事实，可也不能不让我看美女啊！你要是有那么火辣的身材，我就只看你了。"为什么女人责备男人之前不先看看自己呢。

——20岁前半期男士

去相亲或者结识新朋友的时候，我最先看的部位就是头发和手。如果头发凌乱没型，或是不够清爽，我就会认为"这个女人太不爱惜自己了"。还有如果脸蛋是花了心思化了完美的妆，但是双手皱皱巴巴的，或者指甲油已经剥落了，我对这个人就再也提不起兴趣了。如果认为男人看外貌时，只看脸蛋和身材的话，真是大错特错了。男人会因为小细节喜欢上一个女人，也会因为小细节而讨厌一个女人。相信不仅仅只有我一个人有这种想法。

——20岁后半期男士

坐地铁时看见过一位女子，能看得出她没有剃腋毛，而且她好像故意炫耀似的，抬起手臂，握着手柄，站在那里。她的行为让看见的人实在不舒服。如果不想除毛，干脆穿长袖衣服就好了，实在不理解为什么要露出腋毛呢。而且地铁里还会看见这样的一幕：有的女子穿着迷你短裙还张开双腿坐着，别人就能看得见里面穿着什么颜色的内裤。不懂得注意这些小细节的女人太可怕了。如果我的女友也那样的话……真不敢想象。

——30岁前半期男士

6杯咖啡能换来的时尚造型

1 脸部经络按摩1次——当然，做几次才会有效果

2 女性流行读物——可作为造型设计参考书

3 指甲基本护理2次——证明你不是懒人的小细节

4 桑拿&SPA 3次——增强血液循环，排出体内废弃物

5 减脂瘦身霜 1套——塑造身体线条

6 浪漫粉色内衣1套——要有提高恋爱运的蕾丝装饰哦

7 秀发浓缩精华护理——减少秀发干枯毛糙

8 形象管理课程——培养自信

9 唱KTV1次——培养个人特长

梦露的香氛是魅力基因

　　某一天深夜，结束了比较满意的约会之后，我搭上了回家的巴士。广播里放着某位笑星的相声，他在讲述自己以前相亲中遇到的有趣的事情，而他的故事真实地道出了男士们的心声。

　　"那位女士，请干净一些吧。牙齿要多刷一刷。一见面我就闻到了一股不祥的味道。尤其是口臭味最让人难以忍受了。女人是不可以有任何臭味的，尤其去相亲更是要注意啊。"

　　那一瞬间，我停顿了3秒钟，思考了一下今天出去约会之前有没有刷过牙。

　　遇到这种状况，男人们的想法应该都是一样。只是有些人会跟你说，有些人则不愿意说出来而已。其实我们要向说真话的男人表示感

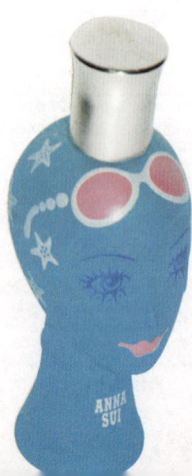

BAD GIRL

魔咒魔咒

> 香气对于有魅力的女性是非常重要的。用自己个人标志性的香味吧，你的追求者会为你彻夜未眠的！

谢才对。仔细思考一下，吃完烤肉和大蒜之后，你就直接去赴约了，可是从那之后他就音信全无了，对吗？听完刚刚的相声，你就会彻底明白冥思苦想的被甩的理由到底是什么了。

对于香气，男人比女人更敏感。所以在大街上，男人和散发着与前女友相同香气的女人擦肩而过时，会条件反射地回头看看。就像妈妈和故乡一样熟悉的香气一样，男人能强烈地感觉到那种特殊的香气。所以，要想攻占他们的心，在精心打扮外表的同时，香气也是不容小觑的杀手锏。

关于香气，让人们久为流传的就属玛丽莲·梦露与"香奈儿No.5"的故事了。当记者问她睡觉的时候穿什么衣服的时候，她回答说："我穿着香奈儿No.5睡觉。"瞬间人们看待香水的眼光就不同了，从此就有了"想要变得性感，就请穿上香水吧"的名言，而且香水成了现代无论男人还是女人的必需品。至今这个故事仍具有难以想象的影响力。所以，让自己被适合的香氛维持缭绕是不分时代的必修课。

香气是让他人记住自己的最好的媒介，好的香气会让你成为魅力的焦点。用化妆技术遮住脸上的瑕疵，借助整形让自己拥有完美的瓜

子脸，与这些同样重要的美丽装扮就是香气装扮。现在你明白了吧？

香气装扮的方法也有很多种，但是选择适合自己的香味和浓度是非常有必要的。因为使用过度了可能会起反作用，而且香氛使用不当，与体味结合之后还会散发出恶心的臭味。比如，好几天没洗头了，在头皮出油的状态下喷上香水之后，香水和头发上的味道混合成了难以言喻的味道，这样的"香气"会散发到1m之外，真难以想象这样尴尬的场景。

为了更精准地用香，了解各种香气所具有的意义和形象也会有帮助的。花香给人一种清新的感觉，能留下美好的第一印象。麝香则会给人理智成熟的感觉，让人产生信任感。熏衣草对头痛和失眠很有效，因此常用于香熏疗法中，而且熏衣草有镇定的作用，如果在约会中使用，会给人一种舒服的感觉。玫瑰给人留下充满女人味的印象，同时还会挑起对方的好奇心，适合演绎出神秘女人的感觉。柠檬、茉莉、柑橘有缓和紧张情绪的效果，所以想要让人觉得自己是舒服的对象时，可以用这些香氛。

因此每天早上都要先想好"今天要呈现哪种模样呢"，再去选择香水或其他有香气的产品。但是这样刻意地选择会有些麻烦，你只要记在脑海中，在非常重要的场合用一两次就好了，平时则使用与自己的气质相适宜的香就可以了。

香气装扮固然重要，也不要过分执着于使用香水，你还可以利用每天使用的香皂、牙膏、洗发水和洗衣粉的香味来营造一种清爽的感觉。因为各种调查问卷和科学实验都证明了，比起全身散发出浓郁香水味的女人，男人更迷恋微风吹过时散发出洗发水微香的女人。

用香潜规则

01   流汗之后不要喷香水。汗臭味和香水结合之后，就会被贴上"不爱洗的女人"的标签。

02   购买有香气的洗发水和沐浴露。因为持续时间短，香气也不够强，所以很多人会忽视洗发水和沐浴露的香味，但是要知道"争取让人爱慕的爱情方法"中也有这么一条。

03   约会之前，请不要吃放入大蒜和洋葱的食物。大蒜是具有显著的抗癌效果的食品，但是约会的时候可没有那么伟大的效果。大蒜的强烈味道，不仅会停留在口腔内，还会由皮肤散发出来。所以即使与男朋友像家人一样亲近了，也不会喜欢这样的"香"气。而且在约会6个小时之前，还要禁止吃放入切片生洋葱的汉堡。

04   恋爱白痴会在约会出门前喷香水，而恋爱高手则在约会两个小时之前就喷香水。浓郁的香气会让约会对象望而却步。用有诱惑力的淡淡的香气，轻描淡写地诱惑才是高手。

05   虎皮膏和去痛贴要在睡觉前贴。偶尔在地铁中能闻到旁边女孩子的身上散发着运动选手才会有的去痛贴的味道，这个时候我总是忍不住会多看那个女孩一眼，因为味道实在很独特。

06   请收集百货商店化妆专区赠送的免费试香纸。为了宣传新品，柜台会派发喷上香水的试香纸。如果将试香纸放进钱包、书页内、手提包中，其狭小的空间就能弥漫着淡淡的香气。

07 请穿棉质内衣。一整天都要外出的时候，穿透气性好的棉质内衣并在每次去洗手间时都用卫生湿巾是最佳选择。如果穿透气性和吸水性都很差的尼龙或者氨纶材质的内衣，分泌物的味道和汗味会留在其中，身体就会散发出怪异的味道。可见，穿透气性好的棉质内衣是多么的重要。

08 腋下除毛要做仔细。夏天即使每天早上都喷止汗剂，如果不做好腋下除毛，就会有较严重的汗味，而且还影响美观，因此腋下除毛一定要做仔细。

09 每天穿不同的鞋。即使穿着袜子或丝袜，由皮肤分泌出的油分和汗也一定会渗透到鞋的内侧和皮质中。如果连续几天穿一双鞋，不仅有脚臭味，还会出现发霉的现象。所以每天都要穿不同的鞋，而且穿过的鞋中要放除臭剂，消除异味。

10 寻找适合自己的最佳香气。每个人都有从皮肤散发出来的特有的体香。能够与你的体香相结合，产生更加迷人的香气，那么它就是最适合你的香气了。如果是第一次购买香水和香产品的人，就要乐于尝试，列出一个清单，找到最适合自己的香味。还可以从香水导购或从用香专家那里获得一些更适合你的建议。

经典香水是女人隐形的战袍

川久保玲"Odeur 53"by 设计师 HaSangBeg 这是1998年发表的香水。据调香师所言，"Odeur 53"是围绕你周围特别的空气，是抽象的香，又是记忆的香。它是自然的香，就好像刚刚除过草的青草香，抑或是高山清澈的空气等等。它就是那么自然，那么轻盈，那么性感。

香奈儿"No.5"by 模特儿南胜美 这是在梦露的典故中出现过的香水，可谓历史悠久、极受名人喜爱的经典香水。里面融合了依兰、茉莉花、玫瑰花、檀香等香味，散发出迷人的气息。年轻的你还不适合浓香（eau de perfume），所以建议使用淡香（eau de toilette）。（译者注：eau de perfume的含香料率为9%~12%，eau de toilette的含香料率为5%~7%。）

信仰"Creed"by 时装编辑金智贤 Creed系列中，为奥黛丽·赫本专门定做的粉色包装的喷雾式花香是最受欢迎的一款香水。以玫瑰、茉莉花、桃子、芒果等鲜花和水果香为底蕴的甜美香味就是它迷人的魅力。只要喷一点，就能持续保持淡淡的香味。虽然比其他香水贵2~3倍，但是非常畅销，因为贝克汉姆夫妇和李孝利等名人也喜爱这款香水。

纪梵希"小熊香水"（givenchy ptisenlon tantine et chocolat）by **美术大学韩艺苑** 这是一款代表少女般纯洁温柔性感的香水，比较适合少女和轻熟女。以花香和果香基调，诠释出新鲜、柔和的香气，又不失典雅。想要打造出清纯可爱的造型，可以尝试一下这款香水。

用聪明的样品
填满你的梳妆台与化妆包

BAD GIRL
魔咒魔咒

储备美妆产品也要有战略。化妆品有
需要花高价钱购买的产品，也有稍微
廉价也不错的产品，还有免费赠品请
分清楚这些类别，聪明地装满你的梳
妆台吧。

即使是家里很富有的人，也仍然是需要购物策略的。因为有
些化妆品是花再多的钱也不能体现价格本身效果的，而有些则物
超所值。

对于刚接触化妆的二十几岁女生而言，只要看到新产品就想全部
买到手，如果你掌握了购买美妆产品的技巧，就能以较低的价格买到
最好的美妆产品，也不会因此花光了你辛苦挣来的薪水。请学习一下
能让你荷包鼓鼓的聪明又狡猾的美妆购物守则吧。

美妆品是女孩的心头草

随身携带的粉饼是需要精心投资的。 外出补妆和看镜子的时候，尤其是在咖啡店或同学聚会的时候，或者在男朋友面前，你手里拿着的粉饼盒就是你身份地位的象征。有一次我和几个二十几岁的日本留学生聚餐，在和他们的谈话中为了补妆拿出了化妆盒，瞬间他们异口同声地喊出"哇~你在用SK-Ⅱ"，并向我投出了羡慕的眼神。从那以后我才知道随身携带的化妆品对于塑造形象的重要性了。但重要的是，你要携带适合你自己的化妆品。

购买商品之后，如果有试用品赠送，可以多拿些基础化妆品。 在百货商店和高级品牌店购买产品的时候，一般都会赠送一些试用品。当导购亲切地问你"您需要什么试用品呢"，你一定要抓住这种机会。而且最好事先想好需要哪些试用品。迷你睫毛膏、唇膏、香水、粉底液等试用品的使用价值其实并不高，所以可以拿一些营养霜、精华素、眼霜等基础保养的试用装。一般容量为5~8ml，只要能拿到10个左右这样的试用品，就相当于一件正品的容量了。而且平时多储备这些基础保养品的试用装，当你去游泳馆及桑拿房、健身房的时候，会更方便携带，非常实用。

洗发水、护发素、沐浴露要购买中间价位的产品。 很多人不太重视洗澡时使用的产品，尤其是洗发水、护发素、沐浴露等每天使用的基本产品，习惯在超市里买便宜一些的用。但是洗发水和沐浴露的香气比想象中持续的时间要长，外出时别人也能闻得到散发的味道，所以购买产品时要精心挑选，最好购买中间价位的产品。便宜的产品为了控制成本，水分和营养成分就会有所降低，从而导致皮肤和发质粗糙。考虑到这些，沐浴产品的确应该购买质量较好的中等价位的产品。

除了眼霜以外，尽量不要用其他功能性的产品。 美妆专家建议，如果从二十几岁开始就习惯用功能性产品或高营养成分的产品的话，到了三十几岁的时候就没有更好的产品能用了。比如防皱纹、提拉脸部等功效的产品，要尽可能地控制使用。这些产品到了三十几岁再用也不迟。如果说要选择二十几岁唯一能用的功能性产品，那就是消除黑眼圈的眼霜了，此外其他功能性的产品还是让给前辈们或者妈妈级别的人使用吧。

眉笔和眼线笔可以买平价的、适合自己的产品。对于眉笔、眼线笔、唇线笔，高价位和低价位的产品效果差异不大，所以为了买这类产品而花掉大笔的钱会有些可惜。

价位不同，色彩化妆品有显色差异，基础化妆品有成分差异，而底妆产品有伏帖性的差异，但是眉笔、眼线笔、护手霜、护甲油等产品不会因为价格有太大的品质差异，所以就可以买些便宜的使用。

找到可以免费体验化妆品的地方。 其实有很多可以免费使用化妆品的渠道，比如时装和美妆杂志募集测试者、美妆网上的测试活动等等。虽然要提供使用产品后的使用感受，有时还要露脸、透露基本情况，但是如果想要免费使用高价产品的话，做这些也是应该能够接受的。如果想知道化妆品免费体验的信息，可以去各大女性网站的美容频道或者化妆品频道看看。

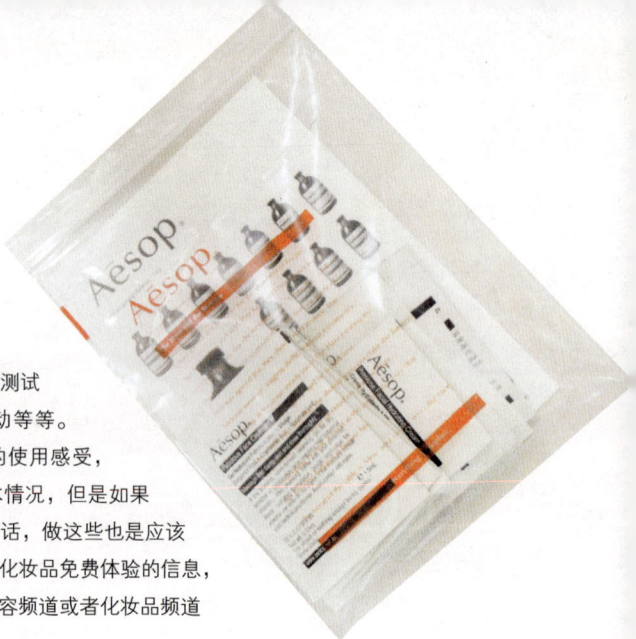

和姐姐、妈妈、朋友们共享网上购物的乐趣。 其实网店也有不少值得一用的产品。但是，网店的产品价格虽然便宜，却鱼龙混杂，质量参差不齐，下单前最好货比三家。如果自己用得好的话，还可以推荐给姐姐、妈妈和朋友们，下次一同购买，即团购。这样一来也可以平摊邮费，可谓一举两得。

选择营养霜和修复霜的时候，要尤其小心。 购买高价的营养霜和修复霜的时候，要精挑细选。因为如果面霜不适合自己的皮肤，就会引起皮肤过敏等问题。首先要确认自己的皮肤是干性、油性、混合性，还是敏感性的，然后再选择适合的产品为好。如果有可能的话，最好去专柜先试一下产品再购买。或者先用一些你想买的面霜的试用装，通过这样的方法找到适合自己的产品也不失为好的选择。

爱上做空瓶活动的品牌。 有些品牌只要收集使用后的10个空瓶子，就会给顾客免费提供一个新产品；或者只要拿去可重复利用的空瓶子，就会赠送一些礼品。不妨多去专柜转一转，就会获得更多的优惠信息呢！这也是狐狸们的美妆战术之一。

Writer`s
Talk

二十几岁就开始从实践中培养聪明的消费观念。
用低廉的价格买到性价比超高的产品也有技巧！

聚餐中"剩下1/2"的原则

BAD GIRL
魔咒魔咒

不要把自己当成大婶或者垃圾桶，当你已经感觉八分饱了，或者比上一顿的食欲小了一些的时候，就请立刻放下筷子吧。

如果你不想终日为减肥而苦恼，就不要可惜每天的剩饭。虽然想到还有很多饿肚子的人，这样做会非常的愧疚，但当你觉得剩饭剩菜太可惜的同时，会很容易摄取过多的热量。这样一来减肥计划也就泡汤了。明智的做法就是少做些饭啦！

杂志拍摄的过程中，我会遇见很多模特儿，如果拍摄时间长，中间也会一起用餐。每当那个时候，我都会观察她们的饮食习惯，从中了解了她们之所以那么瘦、能够维持美丽身材的秘诀。

早上有拍摄安排的时候，为了准备化妆和发型，需要清晨5~6点的时候就要碰面。这个时候我们会按照模特儿和工作人员提供的简单的早餐列表准备食物。虽然我是标准体重，但看起来还是显得胖乎乎的，我的早餐是一杯灌装咖啡、1个烤牛肉饭团；有明显小肚子的胖乎乎的造型师，早餐为大尺寸桶装方便面和可乐；身材修长的化妆师，早餐为大杯浓稠的酸奶和一小包谷类食品，还有两个牛奶沙司；而模特则只要1杯低脂肪牛奶。一看就知道与众不同的模特儿的饮食习惯和其他人相比的确有很大差异。

为了减肥，可以更换这些食物

1. **咖啡＋烤牛肉饭团**——含有会导致脂肪囤积的咖啡换成一杯茶。烤牛肉饭团换成沙拉饭团！

2. **大尺寸桶装方便面＋可乐**——大尺寸换成小尺寸，多糖分的可乐换成水。

3. **大尺寸酸奶＋谷类食品＋牛奶沙司**——大尺寸酸奶换成小尺寸酸奶，牛奶沙司则彻底从列单中删除。

4. **低脂牛奶**——无需更换，非常完美！

　　为了简单充饥在便利店挑选食品的时候，同样需要好比世界经济专家那样缜密的战略。像上面提到的，可以用低热量的食品代替高热量的食品，而且每次挑选食物时，一定要想着"我在减肥"，应避免酥油食品和高脂肪食物，因为只要吃一点就会发胖的。并且在挑选饼干的时候，那些体积大、容易有饱胀感的多纤维饼干才更有利于保持身材。但是最有效的解决方案是尽可能减少放到收银台上的食品数量。不要每餐都吃到撑，注意养成吃八分饱的习惯，就不需要大笔的钱参加所谓的减肥项目了，也不需要吃素然无味的代餐来减肥了。

从中总结的第一个规则就是："即使吃超市和便利店的食品，也要选择不易发胖的。"

对于大学生来讲，生活中存在的最有威胁的食品就是小卖部的零食和饮料了，而且还有不少大学生不正常吃饭，用零食来填饱肚子。事实上，只要戒掉高热量的零食和高糖分的饮料，一周之内就能瘦下来，可见这两种零食是减肥的头等大敌。

比这些更成问题的是新生迎新会、同学聚会，以及朋友的生日派对等等的各种聚餐。当然，聚餐越多，就越难以管理身材了，所以一定要咬紧牙根控制食欲。

只要调整好饮食生活，不需要刻意地减肥，也能有瘦身的效果。不妨从下面的生活守则中选择一些适合自己的生活方式，尝试一个月。慢慢地，你会发现身体和脚步都变得轻盈了，某一天你照着镜子无意中发现自己的腰变得纤细了，而且腹部变平了，那时你会为自己的变化而感到惊喜不已的。

剩下1/2原则。吃饼干吃半袋，喝牛奶喝半杯，吃公司套餐中的鸡蛋包饭也只吃一半，在家里吃拉面还是只吃半包……只要养成吃一半的习惯，在数日内你的胃肠就会缩小，吃一点就会有饱腹感。减少食量是减肥最原始的方法，再也没有比这更有效的了。

将午餐和晚餐合并，可以选择折中的时间点吃——下午3点，一次性获得满足。不要像高考生那样，只要叮咚~12点钟声一响，就要反射性地去吃午餐。对于狐狸们来讲，规律性的习惯反而会有害。如果想迅速达到减肥的效果，早餐就吃牛奶和谷类食品，午餐和晚餐则在折中的时间点一次性解决，以减少用餐的次数。

请寻找一个愿意和你分享一份料理的用餐搭档。如果你是个意志力薄弱的人，很难剩下1/2的食物不吃，那么最好找一个愿意与你分享一份料理的搭档。两个人吃一份，总会彼此谦让，绝对不会想要让自己吃更多，对于减肥可谓是双赢了。

在咖啡店点单要慎重。排队的时候不要再思考"今天要喝什么咖啡呢"这样的问题了。你的大脑中也许早已浮现出了飘着白色奶昔的卡布奇诺，或者被焦糖浆粉妆的拿铁，但是点餐的时候你只要想着"我要美洲咖啡"就可以。要知道加了牛奶和砂糖的咖啡最不利于减肥了。

在聚餐时你要保持不会喝酒的作风。刚入学的时候，就要给大家注入因为身体欠佳而无法喝酒的印象。要想成为狐狸，聚餐的时候就不能喝过多不必要的酒，以及吃过多的下酒菜，但同时也要玩得尽兴才可以。

用餐的时候多和朋友聊天。与长辈一同用餐的时候，话多绝对是禁止的。但是和朋友用餐的时候，则可以多聊聊天。说话多了，只要吃一点就会觉得饱了，而且也能调整食量，一举两得。

食疗减肥成功者的秘方

我有一阵深度迷恋单品减肥，比如苹果减肥、葡萄减肥、南瓜减肥……几乎试了所有的减肥方法，但结果却没能如愿。一个月减过3kg，但是一旦停止减肥就立刻反弹增加4kg，而且身体也比原来虚弱了。之后，我彻底放弃了单品减肥，开始尝试"韩国料理减肥食谱"。任何一本减肥书里都不会有这种减肥方法，因为这是我自创的减肥秘方。这个方法是绝对不吃快餐和西餐，每一餐都吃米饭和小菜，是吃传统的韩国料理来减肥的方法。并且多吃菜，尽量避免喝汤。这个方法不像单品减肥那样很快就会产生厌恶情绪，我坚持了3个月，感觉身轻如燕。直到现在，我也尽量不吃快餐和西餐，主要吃韩国料理。

——sjsj314

我用筷子吃饭，而不用勺子。因为筷子无法夹很多的饭，因此不会吃得狼吞虎咽的。但如果用勺子吃的话，一碗米饭很快就会消失。而且用筷子吃饭更容易调整食量，吃饭速度变慢之后，吃一点就会有饱腹感的，是非常有效的减肥方法呢。

——kyulovers

我戒掉了碳酸饮料，仅仅是这样，对减肥也很有帮助呢。喝果汁的时候，我也只喝无糖的100%纯果汁。而且我出门在外想要喝饮料的时候，也会选择黑豆或玉米茶等饮品，或者是维生素饮料。只要选择健康的饮料就能减肥啦。

——英俊魔女

热恋、暗恋、失恋……
立刻去寻找减肥特效药

BAD GIRL
魔咒魔咒

爱情是脱胎换骨最有力的动力。如果很难立刻找到爱的人，那么尽情发挥你的想象力吧！

"上大学之后，自然就会瘦下来，所以不要担心吃太多了，现在只考虑学习就好。"高中生的时候，我每次听老师说一旦上大学就会瘦下来的话，就觉得莫名其妙。然后我顺利地考入了大学。当时的我有一双被打了一顿也不知痛的无比结实的大腿，还有胖嘟嘟的双颊快要把鼻梁都淹没了，我这样的身材完全就是高中时期只懂读书的乖学生的标准身材。

"考上大学之后，真的可以瘦下来吗？"我突然想起了高中老师的话。

可是，在入学典礼上看见同学们清秀的外貌和修长的身段与我相去甚远，我顿时觉得老师的那番话太不可信了。因此我尝试了我知道的所有的减肥方法，比如早上去游泳，午餐和晚餐尽量少吃，傍晚去跑步等等，一个月后我才减下了2kg，而且也已经累得筋疲力尽了。

但是奇迹般的减肥神话就发生在两个月之后。入学之后，系里组织了很多次聚会，在一次聚会中我发现了帅气的他。他当时是系代表，比我高一个年级。我看到他的第一眼，就被他迷住了。他有着模

赞美和爱情
是使你自信心倍增的
减肥特效药。

特儿般帅气的脸庞，而且穿衣 也很有品位，学习成绩又好，甚至语言表达能力也很非凡，简直是无可挑剔的男生。从那之后，虽然我们还没说过一句话，但他已悄悄地在我心里了。

"以我现在的状态，即使向他表白，也一定会碰钉子，被拒绝的。是的，我要先减肥，变得漂亮以后再接近他。"这样的想法让我每天晚上辗转反侧，焦虑不安。而且还导致我食欲不振，每顿饭吃不了几口就不想吃了，几乎所有的精力都花费在了他身上，悄悄地关注他。我开始全身心地注意自己的形象了，曾经为了省钱一个月才去一次的美发室也去得勤了，并且注意修眉和除毛等等小细节了。

但是，即使这样我也没有变得颓废，或是感觉到身心疲惫，或许是因为我有"虽然现在无法靠近他，但是总有一天当我瘦下来，变得漂亮的时候，他一定能注意到我"这样的信念支撑我走下去吧。

大约过了两个月之后，我惊异于自己的身材瘦到了50kg，我的外形属于高中毕业之后即使擦唇彩都会有些怪异的那种，居然也能得到一定的改善。周围朋友都问我："你变得好漂亮，都让人认不出来了，到底做了些什么？"

听到朋友们越来越多的称赞，我对自己的外貌也越来越有自信了，但是对那位前辈却没有那么执着了。只是梦想着与他能有一些浪漫的经历，在自己蜕变的过程中，我发现这是最有效的减肥药，并且通过这种方式找到了另外一个自我。

也许你觉得这只是我的一次偶然的经验而已，但是在那之后，我也利用这样的假想爱情对象，做了几次减肥和外貌管理，每次都获得了比较满意的结果。事实上，我周围也有很多明星和名人在有了爱情之后变得更美丽了，而且他们也意识到在开始爱情之后，自己有了外貌上的变化。

我认识的明星S小姐，比起其他明星并不是勤于保养皮肤或经常做整形手术的人。我和她每2~3个月都会见面一起喝茶，每次见到她都能感觉到她的肤色越来越清透纯净了，而且没有任何皮肤问题。在聊天的过程中我知道她让自己保持魅力的秘诀就在于恋爱不间断。

她的恋爱习惯是，为自己准备一个"预备男友军团"，和男友分手之后，没有休息期，立刻开始另一段爱情。据说人在恋爱的时候，大脑的特定部位会分泌出使人兴奋的多巴胺，能让人更有生机更富有魅力。这样科学依据也成为了她美丽的中心思想。科学调查显示，当大脑分泌多巴胺的时候，会产生强烈的能量和兴奋感，这个时候人就会充满活力，并且陶醉于幸福之中。所以当多巴胺的数值增加时，双眸会闪闪发光，会不自觉地面带微笑，嘴角常挂微笑，而且笑的时候产生的内啡肽会作用到皮肤，提高肌肤的免疫力，中和有害物质；还会促进胶原蛋白的生成，使肌肤更加弹力水润。

由此我们明白了，恋爱日程不间断能更有效地使自己的外在形象得到提升，而且比任何护肤手段或整形手术更天然。如果要像她那样通过恋爱来提升自己的外在形象的话，一定要知道狐狸的男人管理法，不过这个方法我们以后再做详细的说明，在这里你只要记住恋爱和外貌之间相互作用的关系就可以了。

听说过"下雨天不要烫发""相亲那天不要突然改变发型"，但

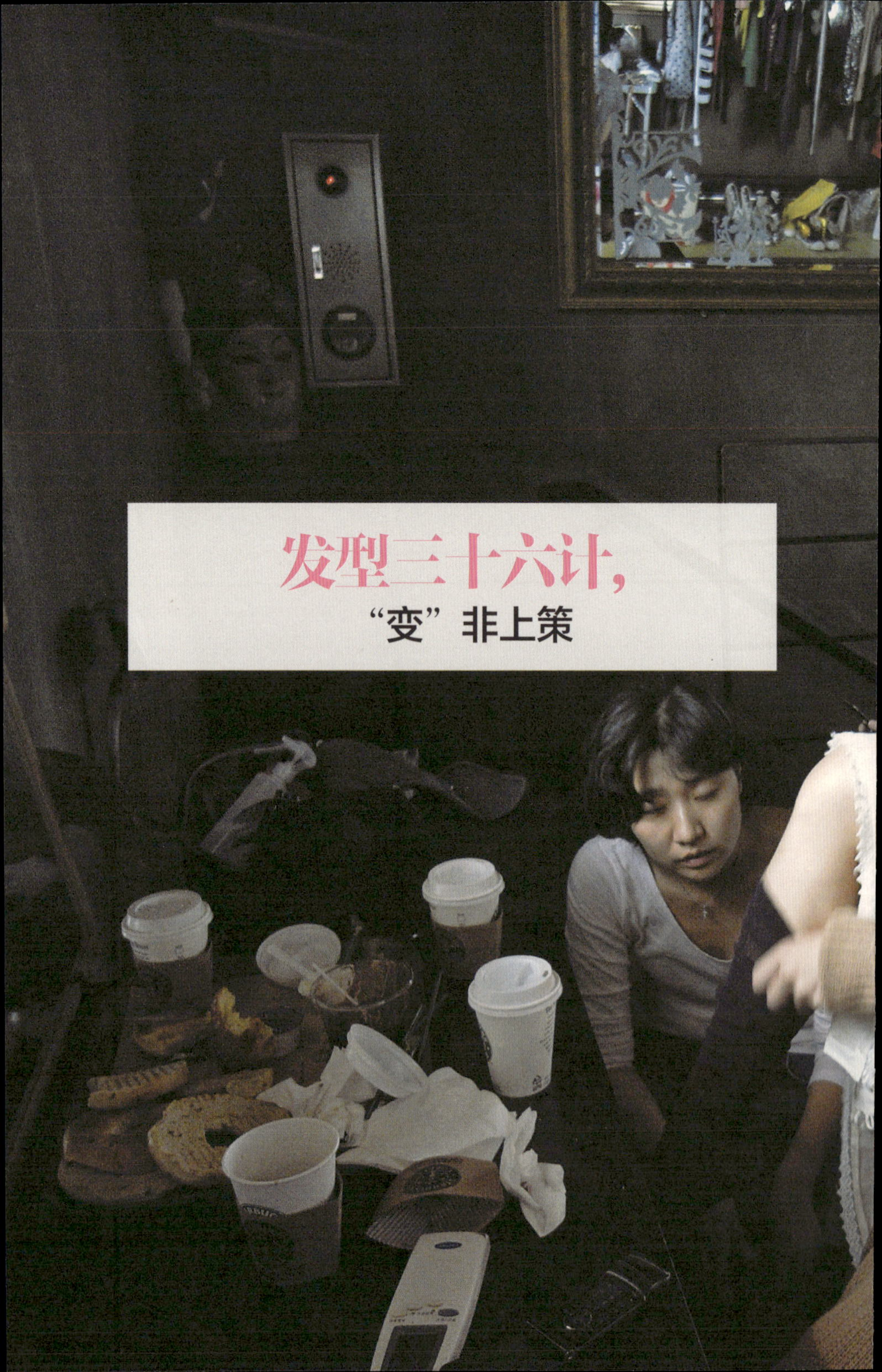

发型三十六计，

“变”非上策

BAD GIRL

魔咒魔咒

无论是理发还是烫发，要充分利用免费的洗发、吹发做造型的服务。请按照每个月特别的日程安排，选定去美发店的日子。

好像没有听说过"理发和烫发不要在同一天做"这样莫名其妙的话，对吗？好吧，让我一一道来其中的奥秘。

首先，我要说决定性的理由，我是深信"吹发决定造型"的人。所以要打造出像样的吹发造型的话，就要经常去美发店，而且想要花更少的钱经常去美发店的话，就要摸索出将理发和烫发分几次来做的方法，这就是正确的答案。

在美发店由专业人士给你打造的吹发造型，与在家里自己吹出来的完全是不同水平的。尽管我们用同样的梳子，吹风机里的风是相同温度，但是也无法吹好头顶和后脑勺的部分，专业人士就能吹出完美的弧度，将原本平凡的发型瞬间打造成丝滑有弹性的立体造型。

所以在约会和特殊的日子，在美发店做吹发造型后，就会让我充满自信地去赴约。通过多次反复的观察，我了解到，在化了同样的妆和穿了相同的衣装的基础上，是否做了发型不仅影响整体的造型，而且还会决定你的行为是否充满自信。我有些好奇这是我个人的见解，

完美的发型
赋予你言谈举止间的自信。

还是确实是客观存在的结果。

于是为了证明我的观点，获得比较科学的数值，我做了几次实际调查。

与男朋友约会时，我观察到，我不同的发型会决定他不同的反应。有一天我在家里洗了头发，没有用吹风机吹，让头发自然风干就出了门。还有一天我是去美发店，让专业人士做了自然大卷的发型去赴约的。

没做造型的那天，他的反应与往常一样，在旁边开车，看完电影就回家了。而在美发店做了造型的那天，他也是同样在旁边开车，但是偶尔会转过头来看我，看电影的时候也摸了摸我长长的发丝，吃饭的时候也很自然地帮我夹菜。

当然，我也不想坚持认为我男友的这种变化100%地来自发型的变化。但除了约会以外，与其他人见面的时候，我也继续做了这样的实验，在做了造型的情况下，朋友们都会有 "今天好像不太一样哦" "最近瘦下来了" 这样的反应。由此看来，给头发做完造型后的约会成功率的确是接近100%的。从那以后我成为了吹发造型的信奉者，但是想要在每次有特殊的约会或聚会的时候都去美发店做吹发造型，对于一般人的经济承受能力还是有困难的。由此我想出的方法就是，一个月去美发店的次数大概是1~2次，而且都是为极其重要的约会准备的。

在做完理发、烫发或染发的时候，最后理发师也会给你做造型。

所以当你推开美发店的玻璃门走到外面的世界的时候，你的发型就会像银幕上的明星那样闪耀。所以我就将聚会或特殊约会的日子设定为去美发店的日子。这样一来，每次聚会的时候，都会以完美的造型令大家羡慕不已。

而到此为止只能算是普普通通的狐狸，若想成为狐狸的领袖，就要再动动脑子，聪明的美女每次只会做理发、烫发等各种美发中的一种。而一般人认为去美发店比较麻烦，又很浪费时间，所以大部分人习惯去一次就做完烫发、护发等等。但是，如果不一次性做完，每次去只做一样的话，就能增加免费做吹发造型的服务次数了。既然是一定要做的美发项目，不管是每次只做一样，多去几次，还是一次做完全套，价格都是一样的，所以只要你不嫌去美发店的麻烦就可以了。并且像这样将理发、烫发、染发、特殊美发项目分开来做的话，你还可以有针对性地选择"理发理得好的美发店""烫发烫得好的美发店"来进行头发的造型护理。对于狐狸们来讲这是必须要遵守的行动指南，但是这需要你更加勤奋。

·修剪前刘海　　一个月一次
·需要重新卷发的周期　　两个月一次
·染发，或者用精华油做头发SPA等其他护理的周期
六个月一次
·综合性的打理　　一个月去美发店的次数为1~2次

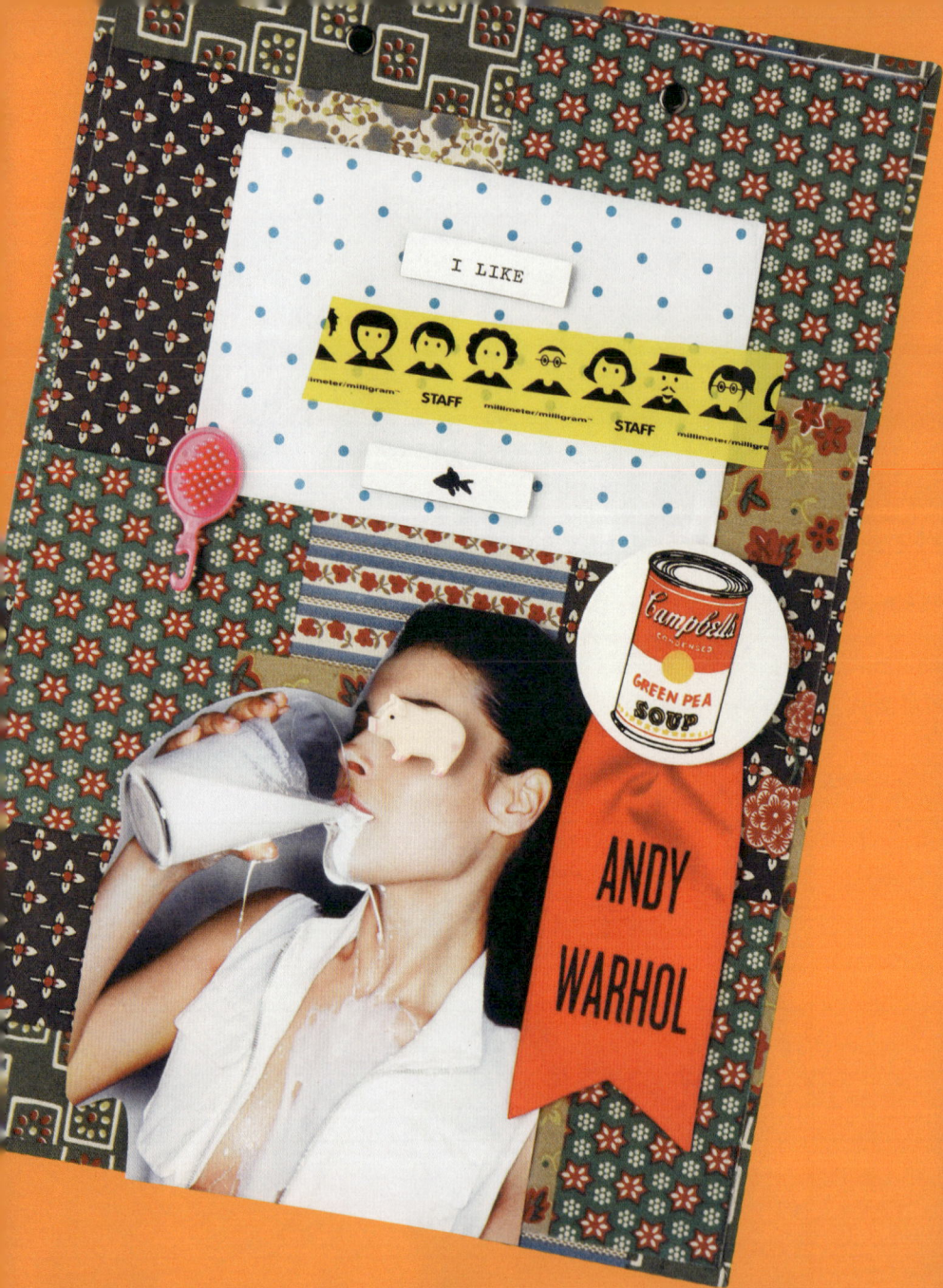

I LIKE

STAFF   millimeter/milligram™   STAFF   millimeter/milligram™

Campbell's
CONDENSED
GREEN PEA
SOUP

ANDY
WARHOL

Perfect e

Chapter 2

带着目的享受
才能体验到完美的乐趣
Perfect enjoy

　　那是结束了书呆子般的高中生活，刚刚开始傻里傻气的大学生活的时候。有一天，我、苗条的美女同学L小姐、笑容明媚动人的前辈S小姐在学校社团的房间里聊天。这时一位男同学问我们："你们去过'BASHA'酒吧吗？那里很不错吧？"对于他的提问，除了我以外其他两位都回答说YES！当时我一边想着，没有去过酒吧也不是什么丢人的事情，但是一边纠结着"可能会显得很土气""想在前辈面前好好表现"等等。第二种想法就像气球一样继续膨胀着，但嘴巴却不知不觉地随声说出了YES。对酒吧一点概念都没有的我，即便他们聊天我插不上嘴，但我还是装出了一副了解的样子，着实为自己捏了一把冷汗。

　　有一天上完课后，我跳上了去酒吧"BASHA"的巴士。那天我第一次体验了酒吧文化，也许是喝的酒水太过香甜爽口，从那时起，每过一段时间，我都会去酒吧坐一坐，放松一下。也是从那时起，我懂得了"知识的力量"不仅仅来源于学校和课本，更重要的是体验与尝试。

品质文化与绝佳体验
——当美女遇上美酒

Play is
Idea

I = ing 这是告诉你，你的入生正在进行中。

D = diva 当你懂得享受生活的时候，就会成为入生的女主角！

E = ever 无论什么时候，只要你曾经经历过的，就会成为你入生的正能量。

A = avast 如果你只想玩得平凡，就请立刻回家去。

要点"莫吉托"
而不是"凤梨园"的理由

BAD GIRL
魔咒魔咒

不想让人觉得你是随便的女人，那就不要做出
随便的行为。请重新审视你的喝酒文化。

在和心仪的男生约会时，当他提议找个地方简单喝杯酒，并且
问你喜欢什么酒的时候，如果你的大脑中想到的只有烧酒加干鱿鱼的
话，那么只能说没有比你更"俗气老土"的人了。除非你是故意想要
给他留下单纯的印象。如果你可能好不容易憋出了一句话是"我喜欢
鸡尾酒"，那么你有必要扪心自问：我有没有信心为这句话负责？

为了享受鸡尾酒，你们很有可能来到热热闹闹的休闲酒吧，而在
这样昏暗的氛围下，心仪的帅哥坐在旁边，然后你要从那密密麻麻的
酒水单中找到比较熟悉的鸡尾酒的名字，恐怕要花10分钟以上，如此
一来你的风度就大打折扣了。

为了发现比较熟悉的酒名，你聚精会神地从上往下看，终于看
到了一个名字——烈焰之吻（kiss of fire），但是这个名字着实令人
尴尬，只好继续往下看，又发现了冰镇果汁朗姆酒，对，以前喝过这
个。所以你毫不犹豫点了这个酒，而原本他充满好奇的眼神瞬间没了
火花。最终拿到你面前的鸡尾酒是大玻璃杯的可乐朗姆酒，而且杯子

边上还插了菠萝块和日式的纸质雨伞做装饰，看起来无比幼稚。你用余光扫了一下周围，发现没有一个人捧着类似的杯子！对，你一定是当天初次涉足酒吧文化的"村姑"。

不过是喝杯酒，为什么要搞得如此复杂？如果你的大脑中飘过这样的不满，或者毫无意识地忽略掉了上述酒吧里发生的假设场景的话，劝你趁早打消想成为"学习好又会玩的时尚坏女孩"的愿望。作为人气坏女孩的首要条件是：在任何场所、任何状况下都要成为"最早接触潮流的人"。而你并不需要像调酒师那样积累专业的知识，但如果能储备广泛的知识，一定会有用武之地的。

当你点了日本酒之后，如果不想在服务员反问你想要喝热的还是喝凉的时候惊慌失措的话；如果你不想在拿到酒水单的时候，感觉像收到了考试卷那样一头雾水的话，就要具备一些酒的常识啦。最近的潮流人士喜欢的酒类主要是葡萄酒、香槟、日本酒，还有欧洲的年轻人喜欢的几种鸡尾酒。

潮流人士喜欢的酒类

与美国留学派男人约会时，来杯Jack Coke。这是美国二十几岁的年轻人最喜欢的悠闲威士忌。贝克汉姆访问韩国的时候，喝的就是高价Patron和Jack Coke。所以和美国留学回来的男人一起去酒吧时，点一杯Jack Coke才符合他的情调。

时尚职场女性的最爱——纯净伏特加（Straight Vodka）。如果你有机会与成功的职场女性去酒吧，请观察一下她们点什么酒。在多次的点酒中，一定会点一杯纯净伏特加。你会看到她们咬一下柠檬之后，一口气喝完纯净伏特加的模样。一口气喝完伏特加的模样会让诸多男性为之倾倒，但是要忍受嗓子被灼烧的刺激的感觉。

海明威喜欢过的时尚鸡尾酒——莫吉托（Mojitto）。参加第一次世界大战之后，再也无法写作的海明威停留在古巴的小村里喝过这种酒。白天他坐着木船在海上钓鱼，晚上则在酒吧喝上8杯莫吉托。出于这段典故，莫吉托不仅在古巴，在世界各地的餐厅和酒吧都被称为"有格调的鸡尾酒"。莫吉托由酸橙、朗姆酒、黑砂糖、苹果薄荷、碳酸水调和而成，味道非常醇美。

在《欲望都市》中出现过的HPNOTIQ。让人联想到地中海的蓝色、秀美的瓶身设计、甜美清爽的HPNOTIQ，只要凭你知道这个酒，你就能自诩为时尚人士了。HPNOTIQ是用优质的伏特加和白兰地、热带水果果汁为主要原料调制的伏特加甜酒，相比其他的酒度数低、好入口。

时尚的香槟——凯歌香槟（Veuve clicquot）。在最受欢迎的香槟中，除了法国女人最爱的香槟酒（Mumm）和女性钟爱的酩悦香槟（Moet Chandon）以外，就属凯歌香槟了。你要知道，香槟相比超市销售的廉价气泡葡萄酒来说是完全不同格调的高级酒，而且服务生只会给你倒上1/3杯，所以不能一口气喝完。这种香槟的度数比想象中要高，当你觉得好喝，一杯接一杯之后，会很容易醉倒。

日本酒也有级别！贺茂鹤本酿造辛口（kamotsurukaraguchi）。日本酒根据酿造方法分为"纯米酒（只用米和酵母酿造）"和"本酿造（在米和酵母中添加酿造酒精酿造）"。根据米的精密度分为不同的等级，精密度越低越高级。"久保田万寿"这样的高级日本酒价格较贵，所以"贺茂鹤本酿造辛口"更适合朋友小聚时喝。点日本酒的时候，可以按瓶点，还可以按"一小盅"来点，而且还可以按加热或冰镇两种方式来点。如果你想尝到真正的日本酒的味道，建议你喝冰镇的。

具备酒品是一种体面

01 即使是瓶子设计得非常时尚的啤酒，也要倒在酒杯里喝，而不是对瓶饮。

02 在酒桌上，尽量不要玩手机。

03 注重与对方的沟通，而不是一味地喝酒。

04 根据对方的喜好选择酒吧。

05 喝到自己酒量的1/3并感觉有些醉的时候，就要准备回家。

06 当别人的酒杯空着的时候，要有给人斟酒的习惯。

07 去酒席之前，先简单用餐。

08 如果打算喝几杯鸡尾酒的话，点酒的时候可以尝试不同的种类。当然，喝进口啤酒的时候，也可以发挥你的冒险心理。

09 葡萄酒配奶酪、烧酒配鸡爪、啤酒配薯条……这是不可忽视的酒和下酒菜的经典搭配。

10 在喜欢的人面前要少喝酒。没有一个男人喜欢自己的女人喝完酒之后左右摇晃的模样。

根据目的、装扮的风格，
因时而异地选择酒吧

ROUTE66
north east club & power

Cocktail

Juice

Mixer

KEEP WALKING
JOHNNIE WALKER

BAD GIRL
魔咒魔咒

酒吧应该是洗完澡、打扮得无比闪耀再去的地方？带着你的目的而去，才会更有乐趣的地方就是酒吧！

　　电视和电影中有不少这样的场景，风情万种的女主人公穿上露锁骨的性感小礼服，涂好闪闪发亮的珠光眼影，脚踩细高跟鞋前往酒吧。这个场景一般发生在和男朋友吵完架之后，或者不开心的时候，为排解倒霉郁闷的心情而去的地方——酒吧。

从小看惯了这种场景的我，曾经也认为酒吧就是这个时候应该去的地方。但是现实生活中的酒吧却如手机更新换代的速度在飞快地发展，并且身处其中会教会我们更时尚的酒吧文化的享受方法，而非千篇一律的泡吧方式。

如果"为了听在别的地方很难听到的电子音乐""为了遇见有钱有势的王子""为了看会穿衣服的潮人们""为了学新潮的街舞""为了消耗晚餐的高热量"等等是你前往酒吧的目的的话，即使玩到通宵，第二天上课迟到，或者为了昂贵的入场费饿了一餐，你都会觉得这是最值得的事情。结论是，如果你想真正地享受好酒吧的文化，就不能糊里糊涂地浪费时间和情感，应该具备更高层次的泡吧目的。

根据不同的目的，选择不同的酒吧

想听时尚音乐

温馨的秘密空间 ELEC。谁说要享受到真正的酒吧文化，就要去弘大，ELEC就是位于清潭洞，没有门牌，如秘密空间般的酒吧。周末有Psy Trance音乐（电子音乐之最）。这个酒吧弥漫着能使人沉浸于音乐之中的自由自在的氛围。

休闲文化专区，soulsome。试图将曼哈顿大学街周边的休闲吧搬到韩国的soulsome，会播放从休闲音乐到爵士音乐等各种音乐，如果你不喜欢重复播放同样音乐的迪吧，那就来这里。这里比其他地方更加淡雅宁静，是边欣赏音乐，边品尝鸡尾酒无可挑剔的酒吧。

想见到会搭配的时尚潮人

Hot People们的宝地，volume。如果你问那些著名的时装设计师、地下乐队等艺术家，最近都在哪里玩，volume一定会是其中之一。这里聚集了大量会

穿衣服的所谓会玩的人。麦克风和绚烂的照明也很特别，所以推荐给很有舞台表演天赋的人们。

只有周末才开业的会员制，naked。这是在时装人士中口碑极佳，只有每周五和周六才会开业的会员制酒吧。因为营业时间晚，刻意去就不太好安排时间了，所以先在其他地方玩，回家的路上经过这里，待一个小时还是可以的，而且这里的音乐也非常时尚。

想跳热舞蹈，想有不错的艳遇

俊男美女的天堂，mass。深得年轻人的喜爱，因而相较其他酒吧的人均年龄比较低。舞池中央充满了会跳舞的人们，如果你是第一次去迪吧或者对自己的舞技实在没有信心的话，坐在旁边享受这种热情的气氛也好。如果你的目的是遇见帅哥的话，坐在边缘的地方，成功率会更高。这里的音乐比较休闲，有时还会有专场演出。

想要一种异国情调，miro。装修、音乐，以及来这里的人们的时装都很有嬉皮风格。所以比起其他酒吧，有一种来到异国的感觉。虽然这里几乎没有公演安排，但是因为这里的氛围非常梦幻，因此一定能给你一种特别的感觉。

从下斜街到殿堂
——时尚人士当如是

Play is
Download

D = dj 给你的入生附上背景音乐吧。

O = own 我的每一天都要过得快快乐乐的。

W = wow 不断让你惊讶的新记录。

N = never die 让你充满力量不气馁的勇气。

R = rhythm 给枯燥乏味、毫无生气的日子刷上富有生机的油漆。

O = ok!这一次也好！狐狸一样会玩的入都是YESman。

A = a—line 像随着微风轻飘飘的A字裙那样轻松。

D = dead 没有"play"的生活，就像没有入气的空荡荡的房子。

"记录狂"比"神算"更有效果

BAD GIRL
魔咒魔咒

保持平常心来计划未来的过程中，没有比记录更有效果的方法了。把你脑海中的想法记录下来，你的未来也会从泥泞的小路渐渐成为康庄大道的！

　　每年12月，都会半信半疑地去算命店算一卦；和朋友争吵的时候，也会去塔罗牌咖啡店排解怒气；而且从来不会忽视杂志上介绍本月星座运气的专栏。我也一样，从学生时期到上班，整整算了14年的命，但结果是让我对算命渐渐失去了信心。如果根据他们的预测，我应该早就是亿万富翁、升职，或者与优秀的男人结婚生儿育女了。但实际上，我的积蓄少得可怜，至今仍然是最基层的记者，而且已经5个月没有相过亲，感情仍是单身状态的女人。给算命店投了足以买一辆车的巨资之后，我最终获得了一个结论，那就是：算命能得到的东西，其实不是对未来的正确的预测，而仅仅是一份舒缓愉悦的心情而已。是的，是需要找另外一种方式管理自己心情的时候了。

　　过了三十岁，我渐渐觉得不能再毫无对策地迎接迷茫的未来了，而是需要管理和规划了。是的，园子里的植物也是需要经常规划和呵护才能健康茁壮地成长的，何况是人生呢，岂不是需要坚持管理才能步入正确的轨道吗？而这个过程中对我帮助最大的就是冥想。

从那时起，我开始两周一次，实在没有时间的时候就一个月一次冥想，给自己一个独处的时间，周期性地反省自己的生活。学生时期，每次拿到成绩单的时候，我都会很紧张，然后自我反省并告诫自己要更加努力奋发了。

冥想其实就是"生活的成绩单"，但是冥想之后的药效只有短短的两天，而后还是会回到懒散的生活状态中去。所以我想出了更好的方法，那就是冥想之后再记录！从现在起，开始记录那些在脑海中想过之后就蒸发掉的内容吧，这样当你回顾时，转换思绪的时间缩短了，也就真实地感觉到自己在有效地变化着。据说著名的作家和艺术家都会在床头放个记录本，睡觉前想到什么就记录什么，现在似乎能明白那到底有什么意义了。

与其在你的人生走过多半之后再回头，不如从二十几岁起就培养精细地管理自己的好习惯，最终即使没有功成名就，也可以问心无愧地说"我是这么认真地活过来的"。总的说来，就是在你成为知名人士配有专门的秘书之前，现在开始就可以积极利用你的秘书——记录本。

成功女人的记事本活用计划

一天的日程从晚上12点开始。我会在结束一天的晚上，躺在床上计划第二天要做的事情。事先做好安排，第二天早上就会更快更顺利地开始一天的行程。每天早上到公司之后再做日程安排的话，一天的时间就会缩短了。而且早上在刚睡醒的蒙胧状态下制定计划的话，有时还会丢掉那天该做的事情。

——三十岁出头大企业职员

绝对禁止用感性的措辞！日程记录本当成日记本用，时间久了之后，会演变成自己逃避现实的小世界，或者变成你赖以忏悔的小空间。请不要忘了，这不是你吐露心声的工具。日程记录本应该完完全全用于记录客观业务。例如，想在考试之前，搞定两本参考书的时候，就请事先制定好时间表，分好每天要做的学习量，记录在每一个日期栏中。完成当天的任务之后，就用笔在日程记录本上做个标示，这样一来学习会变得更有趣。

——某考试高分获得者，就职于广告公司的新职员

让一年的计划一目了然！我们一般都没有利用好笔记本最前面的一年月历。最多也只会记录朋友、家人的生日，以及和男朋友交往100天等等的纪念日。但如果能利用好日历对于树立年度目标是有很大帮助的。把一些具体的目标写在这个日历页上，比如5月份为止获取驾照，7月份为止攒好兼职费用。每次想起，便拿起来看一看，人生的目标就会更明确了。

——三十岁知名自由职业者

183

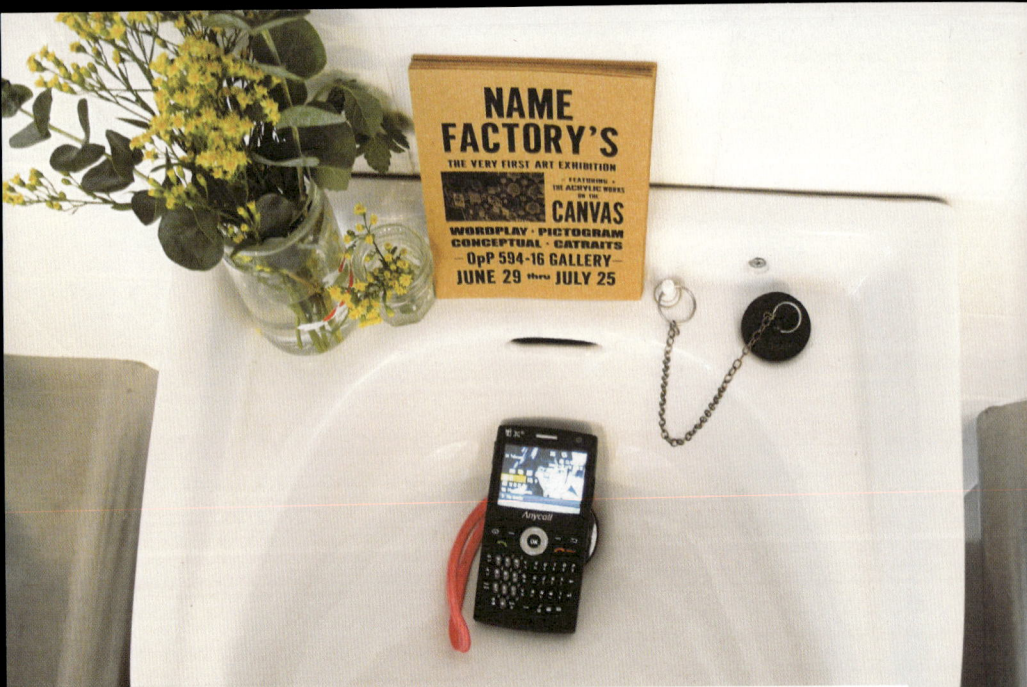

搭建蜘蛛网式的人脉，
你的就是我的

BAD GIRL

魔咒魔咒

与在社会中发展得不错的前辈搞好关系。若能获得他们的喜爱，你就有可能获得前辈们的人脉蜘蛛网。

　　社会中的人际关系纷繁复杂，公司不是趣味生活的游乐场，你若把公司当成是自我发展的空间，搞不好就会犯大错。当你跳槽去别的公司，或调换部门的时候，很容易丢掉之前的人脉，而能保持时间最久的就是大学时期的人脉。一个学校、一个专业、一个社团、一个宿舍……大学时期结交的朋友最好一直保持友好紧密的关系。

　　在社会中搞好人际关系，就会结交使你终身获益的朋友。当认识了在社会上发展得比较好的学校前辈的时候，努力和他们维护好关系也是对自己的发展有益的行为。在和他们的交往中，你能吸取他们在社会中磨砺的经验，还可以搭建学生时期很难有的人脉网。但是如果你的功利性目的太强的话，就会让人反感，所以请记住一定要以诚相待。

对后辈的回忆
——开始像乖巧的绵羊，最后让你大吃一惊

通过朋友介绍，我认识了刚大学毕业，进入大企业实习的后辈。朋友说他非常欣赏这位大学后辈，和我见面的时候，经常带着她。她长相很乖，善于倾听社会前辈的谈话……总之我也不讨厌她。所以关系也变得比较亲近，也邀请她参与网站的运营项目。一起做那个项目的时候，我们每周见2~3次，为了同时谈多个工作，和她见面的时候，也会一同见时装界和杂志界的知名人士，很自然地给她

介绍了很多人认识。在这过程中，网站的运营不景气，和她见面的次数也越来越少了，一个月只有1次。

过了很久之后见到了她，听说她在公司调了部门。她从原本的管理职位调到了创意广告团队。原来她留了和我一起见过的那些人的名片，并直接联系那些人，将他们变成了自己的人脉。然后通过他们的帮助，接触到了另外的工作，而这样的能力在公司也获得了认可，并且得到了调部门的机会。将他人的人脉变成自己的人脉。这也是狐狸的高超技术之一，请记住吧。

离开这个世界之前，一定要尝试的事情，
不妨信一次

BAD GIRL
魔咒魔咒

> 吸取了很多知识的人总有一天会因为渊博的知识而获得精彩的人生。所以请积累好人生所必需的教养。

12个月又15天——经过漫长的单身生活之后，我的脸色毫无生气，黑眼圈堪比熊猫眼。也许乖巧的后辈看着这样的我有些不忍心，于是给我提供了一个相亲的机会，我毫不犹豫地答应了，并且下定决心一定要摆脱单身状况。据说相亲对象毕业于某名牌大学，现就职于证券公司，相信应该差不到哪里去。

见面之后，和他一起吃饭喝茶聊了总共3个多小时。在此过程中，我意识到他是一个"文化无知指数"相当高的人。聊起电影，他只能勉勉强强说出最近上映的电影名字。他不知道谁是希区柯克（Alfred Joseph Hitchcock）或大卫·林奇（David Keith Lynch)），而且似乎连听都没听说过。"好吧，暂且可以原谅他，也许电影不是他所关心的领域。"但是想到每天要和如此无法沟通的男人面对面地用餐，我实在是没有信心，让我不由自主地直摇头。而且可想而知，他一定会每到周末就窝在沙发里，看着体育台的现场直播，一罐一罐地喝着啤酒，除了"少女组合"对音乐毫不关心。对，他一定是那种极其平凡的大叔类型的公司职员。

　　只要谈上几个小时，就会
暴露你的眼界，那么从现在开
始就请提高自己的水平吧。常
年低水平地活着，就好像穿着
高跟鞋走在石子地或湿地里一
样危险。那么，就请在人生初
期打好坚实的基础，过好马
拉松般的人生，让谁都无法
超越吧。

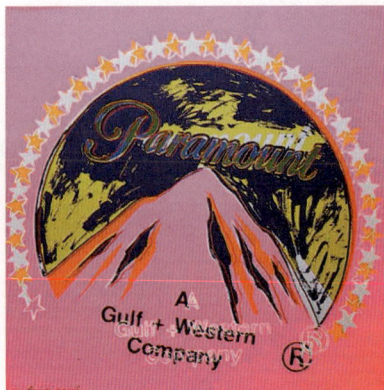

　　其实不需要有专家级水平那么高难度的知识，只要有涉猎各个领
域广泛的常识，生活就会变得更加有声有色。要想短时间内提高人生
的素养，"离开人世之前要尝试的事情列表"会有不少帮助。这是各
领域的专家筛选的精华，作为补充基本知识会有很大的帮助。而"离
开人世之前一定要尝试的列表"是"聪明的狐狸"必备的提升自信心
手册。

现代时尚美术作家

　　安迪·沃霍尔（Andy Warhol）：商业美术作品的先锋者，被称为抽象艺
术的巨匠。他的艺术作品颜色鲜艳而抽象，以这些作品为灵感创作的时装也颇受
关注。

马塞尔·杜尚（Marcel Duchamp）： 活跃于19世纪80年代现代美术萌芽时期，他将已有的作品进行再创作，是作品化的"达达主义（Dadaism）"的代表作家。代表作是给男士小便器中添加了刷漆艺术的《泉》。

马修·巴尼（Matthew Barney）： 他的作品多少有些难懂又抽象，灵感源自医学。他作为标准的医徒，将人类的身体进行再创造，展现出来的作品极富视觉冲击，表现手法一般是涂刷、影像艺术等。

罗伊·里奇特斯坦（Roy Lichtenstein）： 他与安迪·沃霍尔一同被称为POP艺术巨匠。利用复古的漫画展现POP艺术是他的作品特征。他的作品《幸福的眼泪》颇受瞩目。

库雪明（Ku Xueming）： 他是以画头像闻名的中国现代美术作家。通过画各种各样的头像，犀利地批判了现代社会的世态炎凉。他深受德国著名的表现主义版画家凯绥·柯勒惠支（Kathe Kollwitz）的影响，最初只是创作以木版画为主的作品，后半期则用红黑两个色彩，呈现出了印花釉法形态的作品。

村上隆（Murakami Takashi）： 与路易威登合作过的世界级的视觉设计师。

达米恩·赫斯特（Damien Hirst）： 他是使英国现代美术复活的传奇性的艺术家。代表作有《生者对死者无动于衷》（The Physical Impossibility of Death in the Mind of Someone Living）。

翠西·艾敏(Tracy Emin)： 将自己的床直接搬到展览馆的著名表现主义作家。曾经作为维维安·韦斯特伍德(Vivienne Westwood)的模特儿登场。

路易丝·布尔乔亚(Louise Bourgeois)： 三星美术馆中，蜘蛛模样的庞大作品《魔网》即是他的作品。

当代世界级著名的音乐家

嘎嘎小姐（Lady Gaga）： 她出生于1986年，是当代美国流行音乐的霸主。其极富革新意味的歌词和张扬个性的时装受到了全世界人的瞩目，代表曲目有"Just Dance"。

凯莉·米洛（Kylie Minogue）： 她出生于1968年5月28日，是澳大利亚著名歌手、歌曲作家及演员。20世纪80年代和麦当娜一同引领了流行音乐的潮流，而且她战胜了乳腺癌，重新回到舞台上的勇气令歌迷无比感动。

莉莉·艾伦（Lily Allen）： 小个子，肥胖的大腿，但是这些都没有阻碍她挑战极富个性的时装造型，而且让她成功地闯进了时尚圈。她的音乐歌词吸人眼球，曲调神秘而又梦幻，一经问世便抓住了人们的心灵。她是电影演员基思·艾伦的女儿。

中岛美嘉（Mika Nakashima）： 她是1983年出生的日本音乐人。带有美声音色的《雪之华》是她的代表作，在国内也颇受欢迎。

比约克（Bjork）： 原是Punk Rock Iceland乐队"The Sugarcubes"的女性成员，现已解体。她的声音原始而又有力量，所以显得很性感，且她的音乐极富节奏感。

艾米·怀恩豪斯（Amy Winehouse）： 1983年出生的英国音乐人，她的声音具有动人心弦的力量，2008年她获得了5项格莱美奖。黑色的粗眼线和蓬松高耸的发型是她的个人特征。

雷哈娜（Rihanna）： 1988年出生的音乐人，也是好莱坞当红的时装人士。2007年获得灵魂节奏与布鲁斯最优秀女歌手奖，她的代表作是"Don`t stop music"。

幸田未来（Kado Kumi）： 1982年出生的日本音乐人。她以创新的MTV吸引人们的眼球，其中的时装造型性感又时髦。

用自己的方法培养文化理念。
去了解和享受世界上优秀的人、音乐、
书、美术、电影。

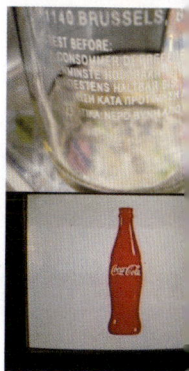

世界知名的建筑家

安东尼奥·高第(Antonio Gaudi)： 她是西班牙的世界知名建筑家。她的建筑物极富自然的风格，给人朴素的感觉，同时又不失雄伟。密封的屋顶设计是她的建筑特色，圣加堂、米拉之家、奎尔公园都是她的代表作。至今也有很多游客，为了观赏她的建筑物从世界各地慕名来到西班牙。

让·努维尔（Jean Nouvel）： 他是法国建筑史上的中心人物。雄伟的巴黎阿拉伯文化园就是他的代表作品。他以简单的设计手法构筑美丽的建筑物而闻名。

雷姆·库哈斯（Rem Koolhass）： 出生于荷兰，2000年获得相当于建筑界的诺贝尔奖的"普利兹克奖"。韩国的三星美术馆、首尔大学的美术馆都是他的作品。他的作品重视造型美，而且非常重视建筑的实用性。他的代表作品有洛杉矶博物馆、荷兰国立美术馆、波尔多住宅等。

米斯·凡德洛(Mies van der Rohe)： 出生于德国，她是20世纪颇具代表性的建筑家。她提倡利用玻璃和钢铁的"少即是多"的建筑设计理念，她设计的建筑物极富创造性，代表作是柏林国立美术馆等。

路易·康（Louis Isadore Kahn）： 他是建筑设计中光影运用的开拓者。他强调了真正的光线是自然照明的理念，耶鲁大学美术馆是他的代表作。

阿尔瓦·阿尔托（Alvar Aalto）： 他是在芬兰出生的建筑家，也是家具设计者。他在建筑与环境的关系、建筑形式与人的心理感受的关系这些领域都取得了无人能及的突破，是现代建筑史上举足轻重的大师。

193

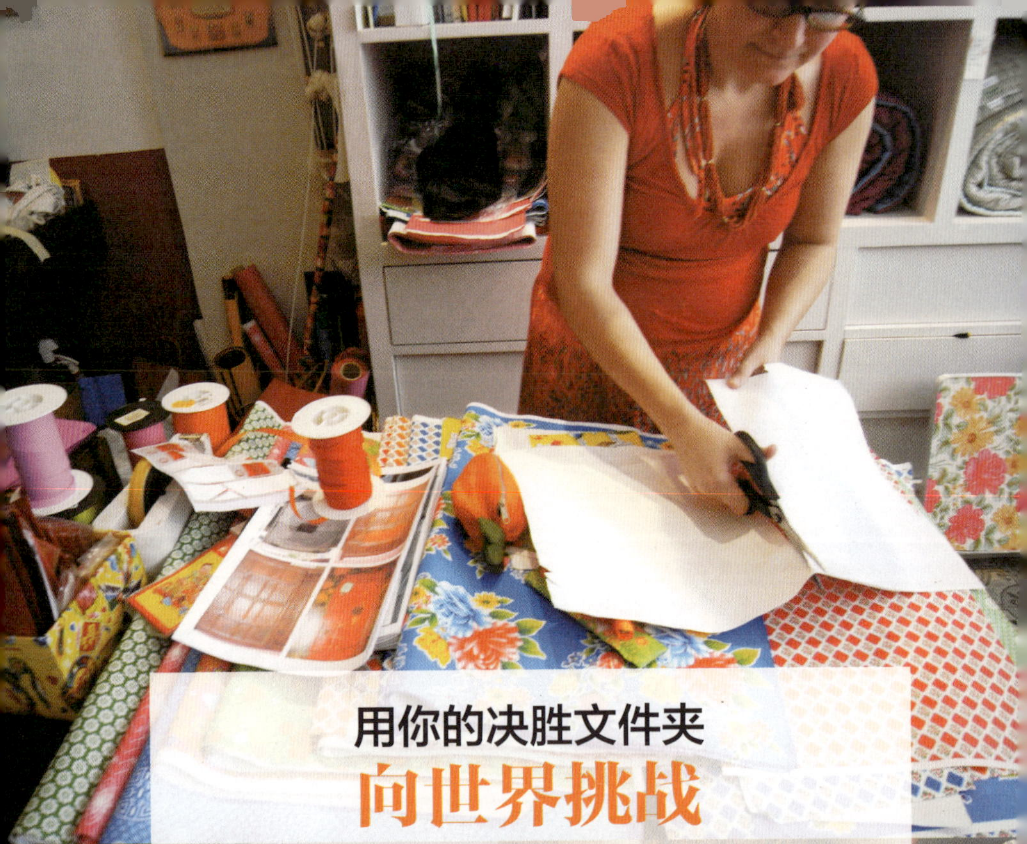

用你的决胜文件夹
向世界挑战

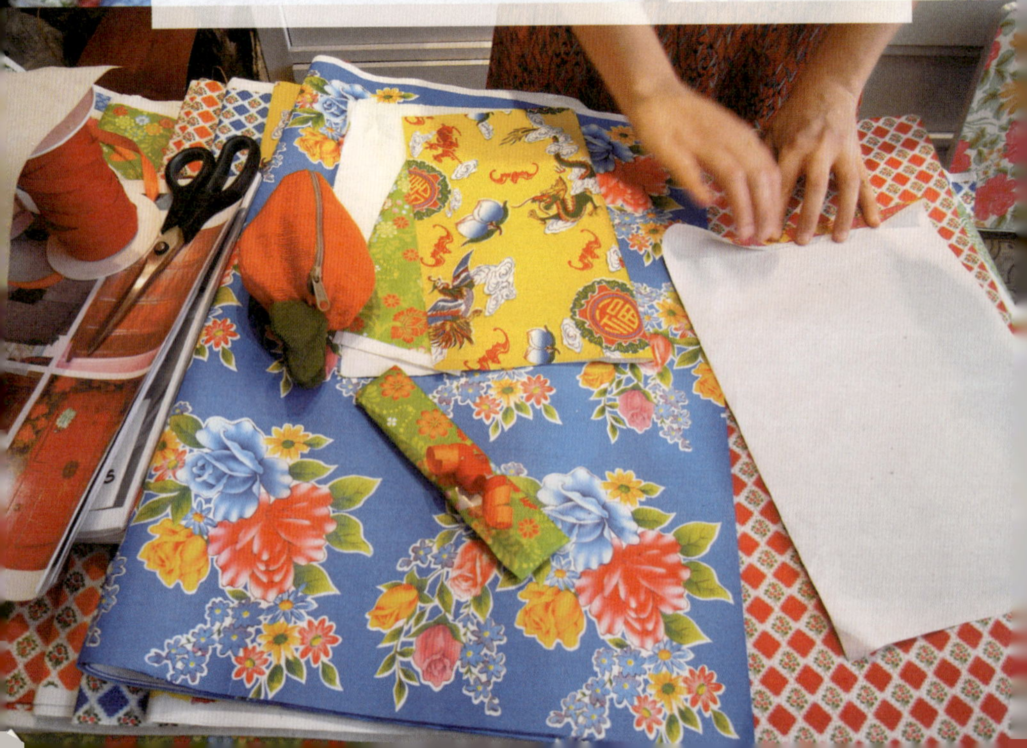

BAD GIRL
魔咒魔咒

即使每天晚上你坐在床头虔诚地祈祷，也不能实现所有的梦想。所以，不要只顾着许愿，而要付出努力、积极行动起来，才能实现梦想。

Case 1 纯国内派K小姐，竟然获取了令留学派也羡慕不已的英语资格证！

K小姐在高中时期是校园内出了名的学习尖子，但是进入大学之后，发现有那么多比自己学习好的人，不禁有些自卑。而且她系里有很多在国外读过高中回来的留学生，所以英语给了她巨大的压力，让她喘不过气来。也许是因为这些压力，K小姐会利用早上的时间学习英语，而且一年的时间内从来没有迟到和旷课，就像上高中那样。她说，只要缺席一次，就会有第二次，这样一来，最初想要学习的决心，不知不觉就会烟消云散了。最后她通过了托福考试，并且拿到了高分。是的，K小姐依靠自己坚强的毅力，将原本自卑的状况，转变成了激励和磨炼自己的正能量。

Case 2 三十岁，放弃工作，出国留学And then？

近几年我周围工作了五六年的杂志编辑纷纷辞了职，理由有两个，一个是每个月要重复做同样的事情，而且繁重的任务非常折磨人，新鲜的灵感早已枯竭

努力准备的投资文件夹，
会给你的人生插上翅膀。

了，急需补充自己的能量；另一个是在年龄更大之前，想做自己真正喜欢的事情。所以他们纷纷飞去伦敦、纽约、东京、悉尼，然后在那个地方学习自己喜欢的东西。

虽然偶尔会联系，但是也很难知道他们具体在学什么、过着什么样的生活。很久以后，原本是中层职位的我也晋升到了比较高的职位——首席记者。但我依然是一成不变地，继续重复着相似的工作的公司职员。在此期间，原本与我差不多职位的她们纷纷回国了。飞往伦敦留学一年的L小姐，在那里进修了语言课程，还专门学习了料理。而且在那里随手拍了照片，记录了自己的心得，回国就写了一部关于英国的书，然后重新回到了杂志社。这是又能学到自己喜欢的东西，还能重返职场的成功案例。

在纽约学习了一年半的H小姐，学成回国后，转行做了造型师。但是H小姐的苦恼是，虽然有华丽的头衔——"留学派造型师"，但存折情况与做杂志编辑时全然不同，因为她只能当个存款为零的自由职业者。所以看着她的现实与经济能力之间的差距越来越大的样子，不禁让我怀疑留学是否真的能获得更好的人生契机。

在东京学习插画回国的O小姐，带回了非常罕见的独特插画作品。还说未来一段时间内要做插画作家，并且表现出来的是"著名作家"的姿态，也颇为令人羡慕。但美中不足的是，因为长时间的留学生活，她花光了所有的积蓄，却并没有成为黄金女人，而是沦落为一个毫无积蓄的35岁的女人。不过她们还算是我周围30岁以后出国留学归来比较成功的。还有很多人，只是随波逐流冲动留学之后，回国只落得眼角深深的皱纹和见了底的存折的下场。所以为了离职的留学，因为目标并不明确，所以也只能说是一种逃避生活的方法，很容易让你陷入更危险的生活状态。

196

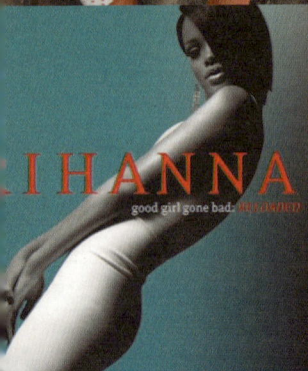

给你一台时光机，
你就是奥斯卡最佳女主角

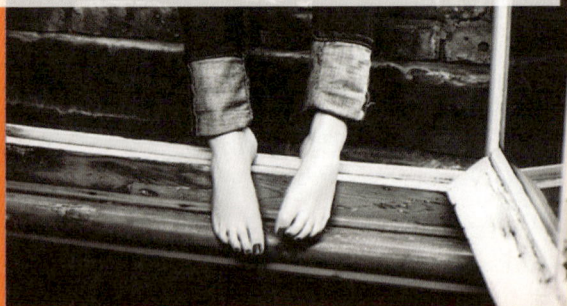

BAD GIRL
魔咒魔咒

自卑、萎缩、懦弱……这些消极的姿态在坏女孩的人生词典中绝对不会出现，请将世界变成展现自己魅力的舞台吧。

女演员H是时装模特出身，她有着性感修长的身段。在她当模特的时候，我每个月会和她拍摄一组时装片，化妆和换衣服的时候，或者更换照明的时候，我们交流得越来越多。

我们会分享一些周边的小店、最近的热点话题，还有一天的日程安排等等。了解多了之后，我们又进一步交流了彼此的价值观。在此期间，我发现才20出头的她，竟然有着非常神奇的珠宝盒一样的思考方式。

"我一直都在告诉自己，如果这个世界只有一部电影，那么我就是那部电影的主人公。你看现在拍摄现场的状况，为了我一个人，这里有化妆师、摄影师、时装造型师。因为有我，所以才会有他们，如果没有我的职业，他们的职业也就变得无意义了。如果我是化妆师，我会有不同的想法。我会想，因为有化妆技术高超的我，所以才会有以完美妆容站到摄像机面前的模特，摄影师能将模特的妆容拍摄

这个世界是为你准备的舞台。
像走红地毯的女明星那样，
尽情享受人生吧。

下来。如果没有化妆师，也许就无法进行这项工作，所以我就是主人公。我一直会有这样的想法，会爱惜自己的存在。所以我才能每天都快快乐乐地工作。任何人都可以将自己当成舞台的主人公，这样一来就会变得很自信，心情就会更好。"

她的这番话到底是在开玩笑，还是真正有意义呢？我重新思考了一下，脑海中不断重复着"我是世界的主人公，我是世界的主人公"，我想到了聚光灯下穿着华丽的晚礼服，站在颁奖台上的女明星。

曾经以为红毯上打扮得典雅的女明星是与我们生活在不同世界的人，但是如果想象着自己穿着华丽的晚礼服，站在人生的红毯上，心情顿时更愉悦，更舒畅了。

睁开眼睛，我感悟到了隐藏在她的话语之中的人生态度。是的，人生本来就是这样的。想做就积极大胆地行动起来，这样一个小小的思维变化，具备改变人生的巨大魔力。

让你将自己当成世界的主人公时，并不是教你满腹虚荣，也不是让你以傲慢姿态将别人踩在脚下地活着。而应该是，懂得换位思考，照顾到周围的人并充满自信，悠然大气地活着。

相信我，你也可以成为主宰自己的人生、充满自信的主人公。尽管你已经过了花样年华的20岁，没关系，只要你掌握上面所说的成为聪明的狐狸的秘密武器，你绝对不会逊色于红地毯上的女明星的。从现在开始做自己人生的主角吧！

ReaL inte

Chapter 3

时髦女郎IT GIRL
真实的灵魂访谈
Real interview

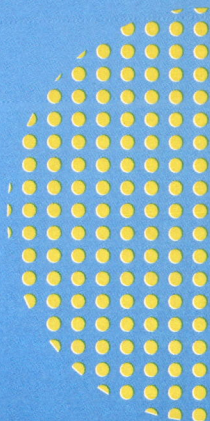

rview

IT GIRL 1
空姐 南胜美
——不断尝试是成功的起点

她的坏女孩形象的百分比指数?

造型30%　　挑战 LA造型。

爱情30%　　爱情和工作两手抓。

工作经历40%　　挑战过多种工作,向着目标努力前进。

　　她是韩国最完美好女儿形象的坏女孩。她从小就当时装模特，一度很难邀请到她拍摄杂志，红得发紫。多栖发展的她在一次采访中突然说道："我最近要去学习。"而后就销声匿迹了6个月之久。回来之后，她居然宣布自己成为了空姐，这段时间她还学习了英语和游泳。多年的观察中，我发现，从她的身上我们可以学习这两点：首先，她在很短的时间内，尝试了多种多样的事情，并且找到了自己真正想做的事情；其次，为了实现自己的梦想，她可以很有毅力地管理好自己，并且培养出能实现自己梦想所需要的能力。全身心投入人生的她活出了真正的自我，她是坏女孩的榜样。

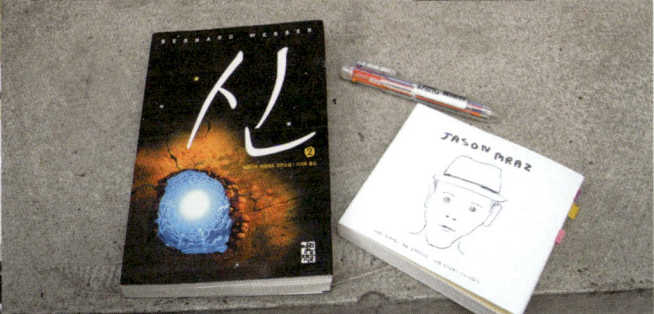

IT GIRL 2
时装模特 金多棉
——经典的时装历久弥新

她的坏女孩形象的百分比指数?

造型40%　与其购买10件平凡的东西，不如用那些钱买一个经典的东西。

爱情10%　目前学习和工作比爱情更重要，恋爱以后再谈。

工作经历50%　想要攻略别人没有挑战的第三世界。

坏女孩 点评

前几年随着"成为经纪人"的潮流，想要成为模特儿的坏女孩也急速增加。那时金多棉离开了韩国，只身闯荡香港的模特界，并小有名气。是的，人人都在走的路，人人都在活的生活方式，绝对不适合坏女孩，通过她的成长，我重新意识到了这一点。

她不喜欢买回来只穿几次就要扔掉的潮流时装，而是喜欢购买不太流行的单品，但穿10年也不会过时的款式。她比较擅长用一件衣服搭配多种衣服来变换造型，并且搭配很多种饰品，不会让人有厌倦的感觉。这就是穿衣的奥妙所在。

IT GIRL 3
摄影师&作家 金秀林
——拿出勇气直面你的梦想

她的坏女孩形象的百分比指数？

造型50%　造型就是我的竞争力。

爱情！我始终热烈地爱着给我灵感的所有优秀的朋友！

工作能力50%　面对自己想做的事情，不要恐惧，要拿出勇气来！

坏女孩 点评

　　她是《拍摄青春的纽约人》的作者。十几岁的时候，她遇见了金仲满，并从金仲满那里得到了"照相技术不错哦"的称赞，从此下定决心成为世界级的时装摄影师。然后去了美国的帕森斯设计学校，学习了时装、造型、摄影。最终留在了美国颇为有名的"Ryan McGinley"工作，学习摄影技术。现在成长为了极富灵性的艺术摄影师，在国内的时装杂志圈中非常有名。这么年轻就已经有了三十多岁也很难磨炼出来的工作能力，这一切都要归功于她那"了不起的勇气"和挑战精神，不是吗？从她那里我们要学到的是："坏女孩要懂得挖掘自己的潜力，并且要为了实现自己的梦想，勇敢行动起来！"